RP-C2403
DORNIER
RUAG
Lufthansa

IREN DORNIER

Logbuch der Träume

Mit dem fliegenden Boot um die Welt

Die Do-24

Unter Mitarbeit von Susanne Fischer

ELISABETH
SANDMANN

IREN DORNIER

Lufthansa Technik AERO Alzey

DIE LICHT SCHMIEDE LICHTTECHNIK SOLARTECHNIK

FENECO

Frey

scalaria air challenge

Bodensee-Airport FRIEDRICHSHAFEN

Dornier Technologie

Inhalt

Vorwort

Vor Ihnen liegt das »Logbuch der Träume« – eine wahre, biografische Erzählung, die Sie hoffentlich inspirieren und ermuntern wird, ebenfalls an Ihre Träume zu glauben. Geben Sie den Bedenkenträgern und Zweiflern, die Sie aufhalten möchten, keine Chance. Hätte ich auf all die gehört, die mich überzeugen wollten, mein Vorhaben, ein altes Flugboot meines Großvaters Claude Dornier aus dem Museum zu holen, es zu restaurieren und damit um die Welt zu fliegen, sei Spinnerei – es gäbe dieses Buch, gäbe die wunderbaren Fotos, gäbe die Geschichten meiner Abenteuer auf dem Flug mit der Do-24 um die Welt nicht.

Ich habe an meinen Traum geglaubt, und deshalb ist er wahr geworden.

Das habe ich von meinem Großvater gelernt: Nicht zu schnell aufzugeben, vor allem wenn es um die Verwirklichung meiner Träume geht. Sie können Wirklichkeit werden durch Glück, den richtigen Esprit und, wenn die nötige Menge Energie investiert wird.

Erfolg wird allzu oft nur an Geld gemessen. Aber für mich bedeuten innere Werte wahren Erfolg. Wenn wir teilen, anderen etwas mit auf den Weg geben, das für sie einen Unterschied macht, bereichern wir auch uns selbst. Jungen Menschen dabei zu helfen, ihre Träume zu verwirklichen, gibt mir ein Gefühl der Erfüllung, gibt mir Kraft. Auch deshalb wollte ich meinen Flug mit der Do-24 in den Dienst anderer, in den Dienst junger Menschen stellen. Das war die Prämisse: Wir fliegen nicht einfach nur zum Spaß um die Welt, sondern sammeln Spenden für UNICEF, mit denen dann Schul- und Ausbildungsprogramme auf den Philippinen, meiner zweiten Heimat, finanziert werden. Kinder und junge Menschen sind die Hoffnung von morgen. Mit ihnen müssen wir teilen, was wir haben: Geld, Wissen, Glück und Lebensfreude.

Es war nicht leicht, an meinem Traum festzuhalten. Sie werden von den Schwierigkeiten lesen, von den Hürden, die ich überwinden musste, aber auch von den Menschen, die mir dabei halfen, weil sie mit mir an meinen Traum geglaubt haben. Weil sie einen Unterschied machen wollten. Und an die *Mission:Dream* glaubten.

Für mich ist es sehr wichtig, dass die Menschen in meinem Umfeld an das glauben, was sie tun. Dass sie dafür weiter gehen als andere – nicht beim ersten Gegenwind aufgeben und vor berechneten Risiken zurückschrecken.

Wem also hätte ich meine Geschichte besser erzählen können als einer Journalistin, die selbst seit mehr als drei Jahren mit einem berechneten Risiko lebt – im Irak, wo sie sich ebenfalls für junge Menschen engagiert, um für sie etwas zu bewegen und zu verändern. Susanne Fischer bildet für das britisch-amerikanische Institute for War and Peace Reporting (IWPR) junge Iraker zu unabhängigen Journalisten aus und versucht so, den Aufbau einer freien Presse in dem von Gewalt gebeutelten Land zu unterstützen. Eine freie Presse, die vielleicht verhindern oder zumindest die Gefahr reduzieren kann, dass der Hass zwischen den Volksgruppen durch Medien zusätzlich geschürt wird.

Als ich sie fragte, ob sie Lust hätte, für mich die Geschichte meiner Welttour aufzuschreiben, war sie schnell begeistert dabei: »Ein Buch voller Lebensfreude und Hoffnung – das ist jetzt genau das Richtige für mich.«

Wir trafen uns zunächst in Friedrichshafen und haben tagelang von früh bis spät geredet. Während in der Werkshalle nebenan die letzten Feinheiten am Prototyp der Do-S, dem jüngsten Kind der Dornier-Flugbootfamilie, ausgeführt wurden, erzählte ich von meinen Kindheitstagen bis zur Atlantiküberquerung, von meiner ersten Begegnung mit der Do-24 bis zur Landung im Hudson vor New York detailliert die Geschichte meines Traums und wie ich ihn verwirklicht habe. Wir besuchten die Orte, an denen alles angefangen hat; die Zeppelin-Halle, in der mein Großvater zunächst gearbeitet hatte, dann Seemoos, wo er sein erstes Büro, die ersten Werkstätten hatte und wo bis heute noch die Slipanlage steht, über die er sein erstes Flugboot in den Bodensee ließ – und natürlich besuchten wir die Do-24 selbst, die am Flughafen von Friedrichshafen auf die nächste Reise wartete.

Die führte uns dann gemeinsam an den Zürichsee und an den Wolfgangsee, wo ich mit der Do-24 an der Scalaria Airshow teilnahm. So lernte Susanne Fischer nicht nur die Do-24 zu Wasser und in der Luft kennen, sondern zugleich auch einige der Crew-Mitglieder der Welttour, allen voran Jimmy Eagles, meinen Co-Pilot bei der Südatlantiküberquerung. Ergänzt durch eigene Recherchen im Dornier-Firmenarchiv, in Bibliotheken und im Gespräch mit Zeitzeugen machte sie sich ein facettenreiches Bild vom Abenteuer eines Flugpioniers. Lesen Sie meine Geschichte in ihren Worten. Begeben Sie sich mit uns auf eine aufregende Tour um die Welt. Ich wünsche eine gute und anregende Reise!

Iren Dornier

DORNIER
Do-24A

PHIBIAN
unicef

Die Königin der Flugboote

Flugboote haben etwas Romantisches. Mehr noch als reguläre Flugzeuge verkörpern sie den Traum von Freiheit und wecken die Sehnsucht nach Fluchtpunkten, die weit jenseits unseres Horizonts liegen. Kein Flughafen, keine Piste scheint erforderlich, jeder See, jeder Fluss reicht als schwimmende Landebahn. Unter den Wolkenbildern tragen sie ihre Passagiere um die Welt, verlässlich in beiden Elementen zu Hause, im Wasser und in der Luft.

Kein anderes Modell verkörpert diese romantische Idee besser als die Do-24 ATT mit dem Kennzeichen RP-C2403. Von 247 in den Dreißiger- und Vierzigerjahren gebauten Maschinen vom Typ Dornier Do-24 ist sie weltweit das einzige noch flugfähige Exemplar. Und das einzige überhaupt, das je ein Fahrgestell zum Landen auf festem Grund bekam. Ein Flugboot mit Rädern – die Do-24 ATT verkörpert fliegerische Freiheit in ihrer reinsten Form.

Dass sie wieder am Himmel zu sehen ist, gilt in der Welt der Aviatik als Sensation. Nach 20 Jahren am Boden, erst als Ausstellungsstück auf dem Dornier-Werksgelände in Oberpfaffenhofen, dann in der Museums-Flugwerft in Oberschleißheim, glaubte niemand, sie werde jemals wieder fliegen.

Unmöglich, sagten die Experten der Aerodynamik – mit einem 60 Jahre alten Rumpf! Absurd, urteilten die Ingenieure – mit einem Unikat, das als Amphibienflugzeug nur wenige Teststunden geflogen ist! Nicht zu schaffen, prophezeiten die Piloten – mit einer Maschine, die zehn Jahre im Freien und zehn Jahre im Museum stand!

Der Traum

Einer aber glaubte fest an die Do-24 ATT: Iren Dornier, der Enkel des legendären Flugzeugbauers Claude Dornier, der mit seinen avantgardistischen Aluminiumfliegern Industriegeschichte schrieb. Iren Dornier ist Pilot, Unternehmer, Abenteurer und einer, der an Widerständen wächst. Einer, der Träume nicht morgens nach dem Aufwachen vergisst, sondern sie zum Kompass seines Lebens macht. Auch wenn die Wege, auf die sie ihn führen, bisweilen lang, beschwerlich, fast unbegehbar erscheinen.

Iren Dornier hütete seit Kindertagen einen Traum im Herzen. Im August 1971 bei einer Landung auf dem Bodensee saß er mit zwölf Jahren zum ersten Mal in der Do-24. Damals schwor er sich: Wenn ich groß bin, fliege ich sie selbst.

Doch zunächst mussten beide weite und komplizierte Wege gehen, Iren Dornier und die Do-24, bevor sie zueinander fanden. Ihre Geschichte ist die einer großen Liebe, die Hindernisse überwindet in Zeit und Raum und nach Tausenden von Kilometern und mehr als drei Jahrzehnten den Skeptikern trotzt und Wahrscheinlichkeiten widerlegt.

Die Jugendliebe

Dieses Buch erzählt von einer Liebesgeschichte mit Happy End. Iren Dornier machte aus der schlafenden wieder eine fliegende Schönheit. Nahm sie auseinander und verschiffte sie auf die Philippinen, wo sie unter Einsatz von 8 000 Arbeitsstunden und geschätzten sechs Millionen Euro »geliftet« wurde.

Natürlich gab es Momente, da müssen selbst Iren Dornier Zweifel gekommen sein. Zum Beispiel als er die Do-24, als sie endlich ihm gehörte, im Museum besuchte und zum ersten Mal gründlich inspizierte. Da stand sie vor ihm, die amputierte Dame, durchgezwickte Kabel ragten wie struppiges Haar in die Luft, verstaubt war sie »wie ein im Krieg liegengebliebenes Auto«. Stundenlang saß er einfach nur da und schaute seine in die Jahre gekommene Jugendliebe an. Oder als beim Rolltest auf den Philippinen das Flugboot auf einer Wiese ins Schlingern geriet, in einen Bewässerungsgraben rutschte und

an einem Betonabfluss hängen blieb. Das gesamte Fahrgestell riss ab, und im Flugzeugrumpf klaffte ein großes Loch. Wie eine Schwerverwundete lag die Do-24 im Gras, und jeden anderen hätte ihr Anblick vermutlich in die Resignation getrieben.

Die Vokabel »aufgeben« aber kommt im Wortschatz von Iren Dornier nicht vor. Drei Monate arbeiteten er und sein Team Tag und Nacht, dann waren die Wunden geheilt.

Die Idee

Nach 32 Jahren des Wartens, Sehnens und Kämpfens ging am 5. Februar 2003 der Traum in Erfüllung: Iren Dornier hob am Clark International Airport auf den Philippinen zum erfolgreichen Erstflug mit der restaurierten Do-24 ATT ab. Ein Triumph, dem der Pilot gleich den nächsten tollkühnen Plan folgen ließ: »Dieses Flugzeug muss die Welt sehen. Und die Welt muss dieses Flugzeug sehen.«

Die Idee von der *Mission:Dream* ist geboren. Nicht nur für seinen ganz persönlichen Traum will Iren Dornier fliegen, sondern für einen höheren Zweck. So heuern er und die Do-24 ATT als UNICEF-Botschafter an, bereit, Spenden zu sammeln für alle jene, die gute Startbedingungen brauchen, um eines Tages auch ihre eigenen Träume verwirklichen zu können: die Kinder dieser Welt.

Wieder unkten die Skeptiker: Das schafft er nicht. Er kommt nicht an. Wird irgendwo unterwegs aufgeben müssen. Wenn nicht Schlimmeres passiert!

Die hartnäckigsten Bremser aber saßen in den Behörden. Für den Flug um die Welt benötigte Iren Dornier eine Lufttüchtigkeitsbestätigung vom Air Transportation Office in Manila. Der nun folgende Marathon durch die philippinische Bürokratie war geeignet, alle hochfliegenden Träume im Paragraphendschungel zum Absturz zu bringen.

Doch am 2. April 2003 erhält er endlich vom Generaldirektor der zivilen Luftfahrt auf den Philippinen das vorläufige Lufttüchtigkeitszeugnis, *»for World Tour only«*. Jetzt kann das große Abenteuer endlich beginnen.

Die Mission:Dream

Gemeinsam reisen die beiden Unikate, der Enkel des Pioniers, längst selbst zum Pionier geworden, und das zum Amphibienflugzeug umgerüstete Flugboot, um die Welt. Sie absolvieren 86 Stopps in 36 Ländern, inklusive Nord- und Südatlantiküberquerung – Iren Dorniers Reise mit

Die alte Do-24 beim Startvorgang

der »Latina« wird eine historische Tour um die Welt und zugleich ein Tribut an die eigene Familiengeschichte, die auch ein Stück Geschichte deutschen Erfindergeistes ist. Unvergesslich sind bis heute die Bilder der zwölfmotorigen Do-X, des seinerzeit größten Passagierflugzeugs der Welt, mit dem Claude Dornier der Zukunft des Luftverkehrs vorgriff, und ihrer Welttour in den Jahren 1930 bis 1932. Mit einer Flügelspannweite von 48 Metern und einem Fluggewicht von 52 Tonnen besaß das Flugboot Do-X bereits die Dimensionen eines Airbus. Nachdem sie am 27. August 1931 um 11.10 Uhr Ortszeit über der Freiheitsstatue gekreist war und wenig später auf dem Hudson River in New York wasserte, wurde Claude Dornier sogar vom amerikanischen Präsidenten Herbert C. Hoover im Weißen Haus empfangen.

Iren und die »Latina«

Der Glanz dieser Bilder strahlte bis weit in die Jugendjahre von Iren Dornier hinein. An sie zu erinnern, dem Lebenswerk des Großvaters Respekt zu zollen – auch das gehörte zu den Zielen, die der Enkel auf seiner Reise um die Welt verfolgte.

Er hatte die perfekte Begleiterin dafür gewählt. Iren und seine »Latina«, wie er sie zärtlich nennt, »weil sie tanzt, auf dem Wasser und in der Luft«, ein Dream-Team, das die Welt begeistert. Ein arabischer Scheich verliebte sich in die »Latina« und bot Iren Dornier – vergeblich – seinen Gulfstream-Jet mit einem geschätzten Wert von 45 Millionen Euro zum Tausch an.

Wo immer der elegante Körper der »Latina« am Horizont auftaucht, recken die Menschen die Köpfe, das ungetrübte Staunen der Kindertage in den Augen. Ihr Anblick lässt Gestern und Heute verschmelzen. Wie eine Botschafterin aus längst vergangen geglaubter Zeit kommt sie uns vor. Ihre erhabene Schönheit wirkt wie aus dem Wind geschöpft und erinnert an die Anfänge des Fliegens, als Reisen noch ein Abenteuer war, an die Zeit ohne Billigflieger, ohne Massentourismus, als Piloten noch Pioniere waren und nicht die Taxifahrer der Lüfte. Eine Zeitkapsel aus jenen Tagen, als noch Helden durch das Blau des Himmels glitten. Ein fliegender Anachronismus, der Münder lächeln und Augen leuchten lässt. Ein Flugzeug mit Seele.

Die Schönheit

Sind Iren Dornier und seine Do-24 ATT zur Wasserung angekündigt, strömen die Menschen zusammen, das elegante Schauspiel zu bewundern. Einige Minuten bevor

Die spanische Do-24 T

das glitzernde Aluminiumkleid der »Latina« am blauen Himmel zu sehen ist, kündet das satte Schnurren der drei Pratt & Whitney-Turboproptriebwerke das herannahende Flugboot an. Erst glaubt man, die Vibration der Luftmoleküle in der Atmosphäre zu spüren, dann kommt sie ins Blickfeld. 30 Meter breit spannen sich die Flügel, majestätisch, elegant, die perfekt harmonischen Proportionen der Lüfte. Eine Schönheit, die alles andere zur Kulisse für ihren Auftritt degradiert. Ob Topmodels Bademode auf ihrer Tragfläche präsentieren oder Hollywood-Größen hinterm Steuer sitzen – der wahre Star des Augenblicks ist immer die »Latina«.

Mal in tollkühnen Schleifen, mal im schnurgeraden Sinkflug führt Iren Dornier sie näher und näher an die Wasseroberfläche heran. Flossenstummel und gekielter Bauch schweben noch für wenige Meter in der Luft, dann setzt das Flugboot auf.

Do-24 mit französischem Kennzeichen

Der glatte Spiegel von See, Meer oder Fluss reißt unter dem Bauch der »Latina«. Unter der aufspritzenden Wasseroberfläche verlangsamt sich das Metall. Erst sehen wir das nasse Gleißen der Tragflächen in der Gischt und hören dann die Stille danach. Wenn die Motoren abgeschaltet sind und die »Latina« sanft im Wasser schaukelt, gleicht sie einer sonnenwarmen Echse.

»Latina«, »Echse«, »meine Schöne«, »alte Dame«, »unsere Diva, die viel Liebe braucht« – die Wärme, mit der Iren Dornier, die ganze Crew, ja eigentlich jeder, der irgendwie mit der Do-24 ATT in Berührung kommt, von ihr spricht, lässt beinahe vergessen, dass es sich um eine Maschine handelt. Bis zu dem Moment, in dem der Pilot die Motoren wieder anwirft und die eben noch so gemächlich ruhende »Latina« vorführt, welche Kraft in ihr steckt.

Nun naht für die Zuschauer und vor allem für die Passagiere in der »Latina« jener magische Augenblick der Wasserfliegerei, den der französische Postflieger und Poet Antoine Saint-Exupéry in dichterischen Worten für die Nachwelt festgehalten hat:

»Wie sich in den fünfzehn Tonnen Material langsam die Reife bildet, die das Fliegen möglich macht. Der Flieger schließt die Hände über den Griffen des Steuerrads, und langsam sammelt er wie ein Geschenk in seiner hohlen Hand diese wachsende Kraft. Die metallenen Nerven der Steuerung werden zu Boten seiner Macht. Und wenn der Augenblick herangereift ist, vermag der Flieger mit einer Bewegung, die geringer ist als das Pflücken einer Blume, das Flugzeug vom Wasser zu lösen und es in die Luft zu erheben.«

Dann tanzt die »Latina« gen Himmel, die Kanten der Flügel schneiden durch die Luft, und zum Abschied lässt Iren Dornier die Königin der Flugboote sanft mit den Tragflächen winken. »Die Welt ist schön«, scheint sie uns von oben zuzurufen, »worauf wartet ihr? Geht los und lebt eure Träume!« Mit dieser Botschaft ziehen die beiden um die Welt. »*Kayang Kaya*!« – »Wir schaffen es!«

Grenzen überschreiten

Eine historische Reise im Dienst der Träume: Jeder einzelne Start, jede Landung soll aufs Neue Mut machen, inspirieren und die Energie freisetzen, die Leidenschaften nährt.

Iren Dornier ist ein Mensch, der immer Träume hat, Ideen, Visionen – und die »Latina« ist ihm und der Welt zum Sinnbild geworden dafür, dass es möglich ist, die Träume zu leben. »Nur wer riskiert, zu weit zu gehen, kann herausfinden, wie weit er wirklich gehen kann«, hält er Skeptikern gern entgegen – und von denen gab es auf dem Weg, den er und die »Latina« vom Museum bis zum ersten Start zurücklegen mussten, reichlich. Mancher »Bedenkenträger«, der auf den Plan von der fliegenden Do-24 ATT mit einem Tippen an die Stirn reagierte, hat sich später mit Tränen in den Augen entschuldigt, nachdem er das tot-geglaubte Flugboot wieder stolz am Himmel sah.

Ein bunter Bilderbogen

Die »Latina« vor der Golden Gate Bridge, über dem Haupt der Freiheitsstatue in New York, auf dem Hudson River vor der Skyline von Manhattan, auf dem Rhein bei Köln, auf dem Bodensee, an der Copacabana, auf dem Meer vor San Diego, in Las Vegas, am Strand von Panama, über den Wolkenkratzern von Dubai: Die Fotos und die Erzählung ihrer Reise ergeben ein buntes Bilderbuch – eine Ode ans Leichtmetall. Und erinnern an den Wagemut eines modernen Pioniers, den bis heute die wichtigste Lektion seines Großvaters treibt: »Nicht aufgeben, wenn es um die Verwirklichung deiner Träume geht.«

Die neue Do vor spektakulärer Kulisse

Zwischen den Kriegen geboren

Die Do-24 ist ein Kind der Jahre zwischen den beiden Weltkriegen. Die allererste ihres Typs startete am 3. Juli 1937. Dabei sah es nach dem Ersten Weltkrieg zunächst so aus, als würden in Deutschland auf absehbare Zeit überhaupt keine Flugzeuge mehr gebaut werden können. Nach Inkrafttreten des Versailler Vertrags im Januar 1920 war der Bau von Flugzeugen in Deutschland generell verboten – unter das Verdikt fiel auch die Familienwerft von Claude Dornier in Seemoos am Bodensee. Erst 1926 sollten die Pariser Vereinbarungen über Luftfahrt einen großen Teil der Beschränkungen wieder aufheben.

Die Do-24 K in der Montagehalle in Altenrhein

Doch der visionäre Konstrukteur gab nicht auf, sondern wechselte auf die andere Seite des Bodensees, nach Rorschach in der Schweiz, wo anfangs in einer kleinen Holzhalle mit Rampe zum See im bescheidenen Rahmen weitergearbeitet wurde. Zum Beispiel am Kleinflugboot Libelle.

Mini-Amphibien und Familienbande

Dies Modell ist es, an das heute, 86 Jahre später, Enkel Iren Dornier mit seinem neu entwickelten Mini-Amphibium S-Ray 007 anknüpft, einem Leichtsportflieger aus Kunststoff. »Die kleine Tochter der Do« nennt er den jüngsten Nachwuchs in der Familie der Dornier-Flugboote, denn die Idee reifte während der Welttour mit der Do-24. Der Schwimmtest der S-Ray im Juli 2007 auf dem Bodensee war der erste eines Dornier-Wasserflugzeugs seit fast 70 Jahren. Wieder einmal hatte die »Latina« ihr magisches Talent gezeigt: als Geburtshelferin, die Träumen den Weg ins Leben weist.

Die Träume des Claude Dornier

An seinen Träumen hielt auch Großvater Dornier fest. Schwierige Zeiten waren für ihn kein Grund, klein zu denken. Im Gegenteil. Wie heute seinen Enkel scheinen unüberwindbare Hindernisse auch Claude Dornier erst beflügelt zu haben. Konnte er seine Vision an einem Ort nicht verwirklichen, suchte er sich eben einen anderen. Für die Entwicklung der Flugbootreihe Dornier Wal war das Gelände in Rorschach zu klein; in einem mutigen Schritt wich Claude Dornier nach Marina di Pisa in Italien aus, wo er an der Arnomündung die Costruzioni Meccaniche Aeronautiche S.A. gründete und eine vorhandene kleine Werft ausbaute, ohne genau zu wissen, ob und woher es für deutsche Flugzeuge je wieder Aufträge geben würde.

Die Do-X am 26. August 1931 vor New York

Sein Mut wurde belohnt: Schon 1922 bestellte die spanische Heeresleitung, allein aufgrund von Konstruktionszeichnungen des Wal, sechs Flugboote des neuen Typs. 1923 schloss Dornier endgültig die kleine Werft in Seemoos und erwarb neues Gelände in Manzell bei Friedrichshafen. Dort logierte fortan die Dornier Metallbauten GmbH. Der Erfolg des Wal und die Nachfrage nach immer neuen Dornier-Flugzeugen beflügelte den Neuanfang nach dem Krieg. 1926 gründete Claude Dornier in der Schweiz die Aktiengesellschaft für Dornier-Flugzeuge, kurz Do-Flug AG, und errichtete in den folgenden zwei Jahren in Altenrhein das modernste Flugzeugwerk Europas.

Der Dornier Wal, eines der bedeutendsten Flugboote der deutschen Luftfahrt-Geschichte, bereitete den Weg für die Do-24: Weltrekorde, Pionierflüge und die Flugexpedition von 1925 in die Arktis von Roald Amundsen trugen den Namen Dornier und den hervorragenden Ruf von ihren Flugbooten um den Globus. »Der Wal hat Dornier gemacht«, habe sein Großvater immer gesagt, erinnert sich Iren Dornier. Und fügt hinzu: »Die Do-24 ist eigentlich ein modernisierter Wal.«

Der Nachfolger der Wal-Flugboote

1926 bestellte die niederländische Marine fünf Wal-Flugboote für ihre Kolonien in Indonesien, später wurden noch Dutzende von der niederländischen Firma Aviolanda in Papendrecht in Lizenz gebaut. Anfang der 1930er-Jahre dann bekundete die niederländische Marine, hochzufrieden mit dem Dornier Wal, Interesse an einem Nachfolgemodell.

Nach einer Ausschreibung des Reichsluftfahrtmuseums im Jahr 1935 für einen Seefernaufklärer begann die Arbeit an der Do-24. In Kooperation mit dem Reichsluftfahrtmuseum und der niederländischen Marine wurden von der Dornier Metallbauten GmbH in Manzell (1937 umbenannt in Dornier-Werke GmbH) drei Maschinen gebaut. Im September 1937 bewährte sich die Do-24 beim Test in der Nordsee auf hoher, stürmischer See, wenig später begann der Bau der ersten Serie unter der Bezeichnung Do-24 K-1.

Bei aller technischen Verfeinerung ähnelt das neue Flugboot dem Dornier Wal wie ein Geschwister dem anderen. Erkennungszeichen sind vor allem die typischen Dornier-Flossenstummel, die selbst bei schwerem Seegang große Stabilität und Seefähigkeit garantieren, und die flache, wenig gekielte Bootsform, die glatten Wasserablauf gewährt und allzu großes Spritzen bei Start und Landung verhindert.

Erste Erfolge der Do-24

Schnell wird der Do-24 die Welt zur Heimat: 37 Flugboote gehen an die niederländische Marine, die sie in Surabaja in Indonesien, das damals von der Niederländischen Ostindien-Kompanie beherrscht wurde, stationiert und als Fernaufklärer über den Sunda-Inseln und Neu-Guinea einsetzt. Sechs davon werden später von der Royal Australian Airforce übernommen.

Die Do-24 als Seeaufklärungsflugzeug

Obwohl Claude Dornier vor allem Passagierflugzeuge für die zivile Luftschifffahrt entwickeln wollte, konnte auch er sich der Politisierung, die die gesamte deutsche Flugzeugindustrie in den Dreißiger- und Vierzigerjahren prägte, nicht entziehen. Neben zivilen Flugzeugen für die Deutsche Lufthansa wurden in den Dornier-Werken auch Bomber für die Luftwaffe entwickelt und produziert, darunter die Modelle Do-17 und Do-217.

Die alte Do-24 auf dem Wasser rollend

Die Do-24 T allerdings hatte, dank ihrer Konstruktion als hochseestabiles Flugboot, eine vor allem humanitäre Mission: 1940 beschloss die deutsche Luftwaffe, die bis dahin gebauten Do-24 als Seenotflugzeuge zu verwenden. Die Wright Cyclone-Triebwerke wurden durch drei Kolbenmotoren vom Typ Bramo 323 R2 mit je 1000 PS ersetzt. Am 15. Januar 1941 hob die erste umgerüstete Maschine ab, und das neue Modell ging als Do-24 T in Serie.

160 Stück wurden nach der deutschen Besatzung Hollands im Nachbarland gefertigt, weitere 48 Stück bei SNCAN in Paris-Sartrouville.

Bei den Seenoteinsätzen im Zweiten Weltkrieg bewies die Do-24 T mehr als einmal die Genialität ihrer Konstruktion. »Die sieht ja aus wie ein U-Boot«, sagen Gäste oft spontan, wenn sie zum ersten Mal in die »Latina« einsteigen. Der Eindruck entsteht, weil zwischen dem Heck und den vorderen Teilen des Flugzeugs drei Metalltüren geschlossen werden können, die an Schotten in einem U-Boot erinnern – und ähnlich funktionieren: Bricht das Flugzeug auseinander oder dringt in einen Teil Wasser ein, können die Schotten dicht gemacht und die anderen Kabinenteile trocken gehalten werden. Selbst wenn das Heck unter Wasser steht, geht das Flugboot also nicht unbedingt unter.

Dramatische Rettungen

Im Zweiten Weltkrieg landete einmal eine Do-24 T beim Versuch, drei havarierte Männer bei sehr hohem Seegang aus einem Schlauchboot im norwegischen Eismeer zu retten. Das Leitwerk und ein Teil des Rumpfes brachen ab. Die Besatzungsmitglieder aber reagierten schnell und machten im vorderen Teil des Flugzeugs die Schotten dicht. Das Flugzeug blieb manövrierfähig, konnte die in Seenot Geratenen aufnehmen und schaffte es mit seinen Motoren bis in einen sicheren Fjord, wo ein Flugsicherungsboot sie ins Schlepptau nahm. Die Dornier-typischen Flossenstummel verleihen dem Flugboot darüber hinaus große Stabilität im Wasser, selbst bei rauer See. Überliefert durch Oberleutnant Kurt Kretschmer von der 7. Seenotstaffel ist die dramatische Rettung von drei Männern aus einem Schlauchboot auf halber Strecke zwischen der lybischen Hafenstadt Tobruk und der Mittelmeerinsel Kreta. Als die Do-24 die Unglücksstelle erreichte, kreiste über der Seenotposition bereits ein englisches Wasserflugzeug, das drei Landeversuche unternahm, aber wegen des starken Seegangs – das Meer tobte in Stärke vier bis fünf – immer wieder abbrechen musste. Danach versuchte Oberleutnant Kretschmer mit der Do-24 T sein Glück und war schon beim zweiten Anflug erfolgreich. Er nahm die drei Engländer an Bord, und die beiden Flugzeuge gegnerischer Streitkräfte verabschiedeten sich freundlich voneinander.

Die Do-24 T als Retter weltweit

Der Seenotdienst machte von jeher keinen Unterschied zwischen Freund und Feind. Die Do-24 T kam in Nord- und Ostsee, im Ärmelkanal, im Atlantik, dem gesamten Mittelmeerraum, im Golf von Genua und im Schwarzen Meer zum Einsatz und rettete in Not Geratene unabhängig von ihrer Nationalität – auch wenn dies für einige der Geretteten anschließend Kriegsgefangenschaft bedeuten konnte.

Mindestens 11 000 Menschen verdanken dem Einsatz einer Do-24 ihr Leben, darunter etwa 5 000 Angehörige der jeweils gegnerischen Streitkräfte.

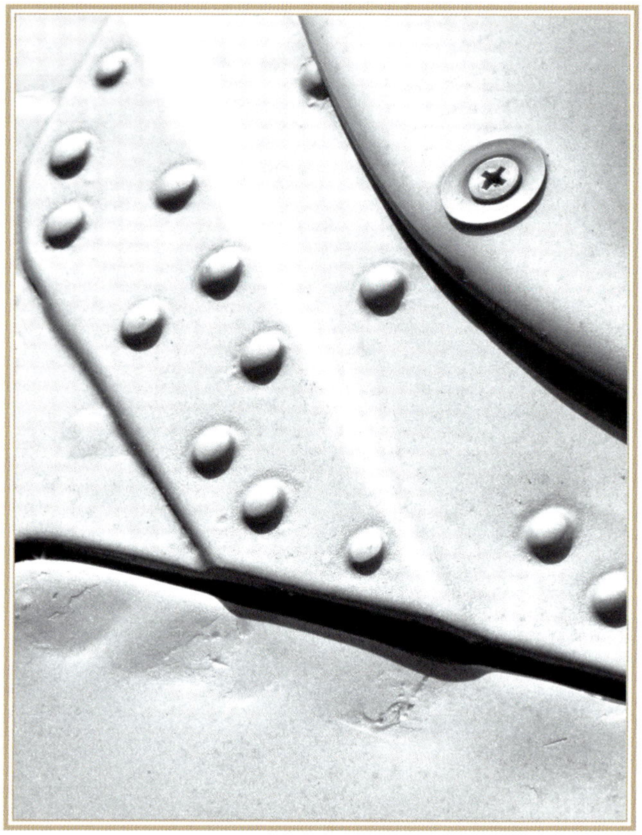

Die »Latina« – eine echte Europäerin

1944 bestellte die spanische Regierung zwölf Flugboote des Typs Do-24 T, die bis November 1944 zum Flugstützpunkt Puerto de Pollensa auf Mallorca überführt wurden. Eines dieser zwölf an Spanien gelieferten Flugboote, im Jahr 1943 gebaut mit der Werknummer 5345, ist die Do-24, die heute Iren Dornier gehört.

Streng genommen ist die »Latina« aber eine gebürtige Holländerin – ihr Rumpf wurde von Aviolanda in Dordrecht gefertigt, ihr Tragwerk an der Schelde in Vlissingen, und die Endmontage erfolgte bei Fokker in Amsterdam.

Oder ist sie eine frühe Europäerin? Mit der Kennnummer 3406 wurde sie noch im Baujahr an die deutsche Luftwaffe übergeben, die sie 1944 an die spanische Luftwaffe weiterreichte. Unter dem Kennzeichen HRS-4 flog sie in den nächsten 27 Jahren als Teil der 58. Escuadrilla de Salvamento vom Seefliegerhorst in Puerto de Pollensa auf Mallorca Rettungseinsätze. 15 Dienstjahre hatte sie bereits hinter sich, als am 1. Januar 1959 in Friedrichshafen der Junge Iren zur Welt kam, der später als Mann ihr Schicksal bestimmen und sie im hohen Alter noch einmal zum Star, zur Königin unter den Flugbooten machen würde.

Eine Berührung weckt die Leidenschaft

Im August 1971 kehrte die Do-24 T nach Deutschland zurück. Drei Tage dauerte die Überführung von Mallorca bis zum Bodensee. Zuerst ging es am 3. August von Puerto de Pollensa nach Marignane bei Marseille, zwei Tage später weiter nach Lausanne und von da nach Friedrichshafen.

Am 6. August 1971 kam dann der große Tag, an dem der kleine Iren zum ersten Mal im Cockpit der Do-24 saß, rechts, im Sessel des Co-Piloten, als die Maschine um 11.30 Uhr auf dem Bodensee wasserte. Er durfte dabei nicht nur zuschauen; der spanische Pilot erlaubt ihm sogar, das Steuerhorn selbst in die Hand zu nehmen.

Eine Berührung, die lebenslange Leidenschaft weckte. Für Iren ist die Do-24 das schönste unter all den schönen Flugzeugen, die sein Großvater je gebaut hat, »sein Meisterwerk, die Seele unserer Familie«. Das schlanke Flugzeug mit dem elegant geschwungenen Heck und dem rundlichen Bauch erinnert ihn an ein Reptil, eine Echse, wie sie seine Mutter, die Künstlerin der Familie, häufig gemalt hat. Aufgehoben fühlte er sich in der Do-24 wie in der elterlichen Küche, und vielleicht entschied sich in diesem Moment der Geborgenheit, ohne dass es dem kleinen Jungen bewusst war, seine Zukunft. »Das Cockpit ist die Heimat des Piloten«, sagt er dreieinhalb Jahrzehnte später, als die »Latina« längst Teil seines Lebens geworden ist.

Während sich an jenem Augusttag im Jahr 1971 unten an der Hafenmole die Bürger von Friedrichshafen drängten, um die Heimkehrerin aus Spanien zu begrüßen, fühlt sich der kleine Iren oben wie verzaubert. Das ist die Geburtstunde seines Lebenstraums: Diesen Geniestreich seines Großvaters wollte er eines Tages selbst fliegen.

Doch 32 Jahre sollten noch vergehen, bis der erwachsene Iren den Traum des kleinen Jungen wahr machen kann, 33 Jahre, bis die Do-24 wieder auf dem Bodensee landet. Am 1. Mai 2004 stoppte hier Iren Dornier als Pilot das erste Mal auf seiner historischen *Mission:Dream*-Tour um die Welt.

Der Enkel

Vom Großvater hat der Enkel eben nicht nur die Liebe zur Fliegerei und zur Technik geerbt, sondern auch den wichtigsten Leitsatz seines Lebens: »Nicht aufgeben, wenn es um die Verwirklichung deiner Träume geht.« Doch bevor er zum Himmelsstürmer werden konnte, musste sich

Iren Dornier auf dem Boden des Lebens behaupten. Er musste zur Schule gehen. Probierte es aus, wie es ist, Ökobauer, Kunstschmied, Modefotograf und Flugzeugmechaniker zu sein. Lernte das Fliegen und gründete sein eigenes Unternehmen. Er baute eine Fluggesellschaft auf und landete bei nächtlichem Sturm auf vereister Piste in Russland, während der Air Traffic Controller betrunken wirre Kommandos funkte. Er drang ohne Erlaubnis in japanischen Luftraum ein, stürzte mit einem Hubschrauber ab und führte Endlosverhandlungen mit philippinischen Behörden.

Vom Flugboot zum amphibischen Technologieträger

Während ihr späterer Rekonstrukteur heranwächst und vom Schuljungen zum weltläufigen Unternehmer und Piloten reift, durchläuft auch die Do-24 T eine Metamorphose vom Flugboot zum amphibischen Technologieträger. Das Unikat weckte hohe Erwartungen, bis Turbulenzen im Unternehmen Dornier 1984 den Höhenflug der Do-24 beendeten.

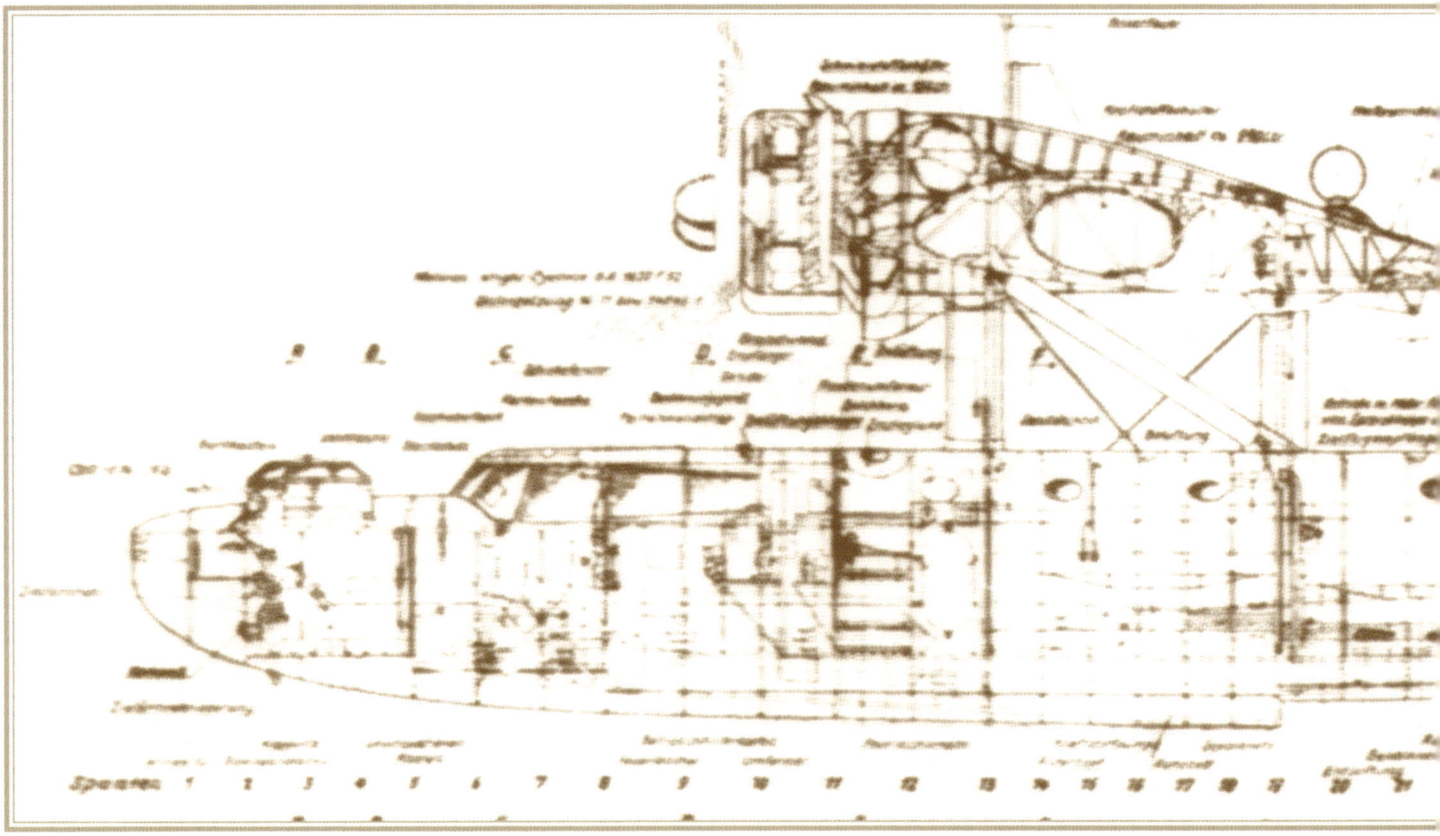

Typenblatt der Firma Dornier für die Do-24 K und T

In den ersten Jahren nach der Rückkehr aus Spanien war es für das historische Flugboot erst einmal ruhig. Das Meisterwerk kehrte in die Obhut der Familie zurück. Drei Wochen nach der historischen Wasserung auf dem Bodensee wurde die Do-24 feierlich vor dem Werkstor der Dornier AG in Immenstaad übergeben. Als Monument der großen Flugboot-Ära stand sie zehn Jahre auf dem Werksgelände und erinnerte an die Gründerjahre des in den 1970er Jahren längst zum Spezialisten für Flugzeugbau, Raumfahrt und Elektronik gereiften Familienunternehmens.

Claude Dornier, der Spiritus Rector des Unternehmens und Schöpfer der fliegenden Schönheit, hat die Rückkehr der einzigen noch flugtauglichen Do-24 nach Deutschland jedoch nicht mehr erlebt. Er starb am 5. Dezember 1969 in Zug in der Schweiz.

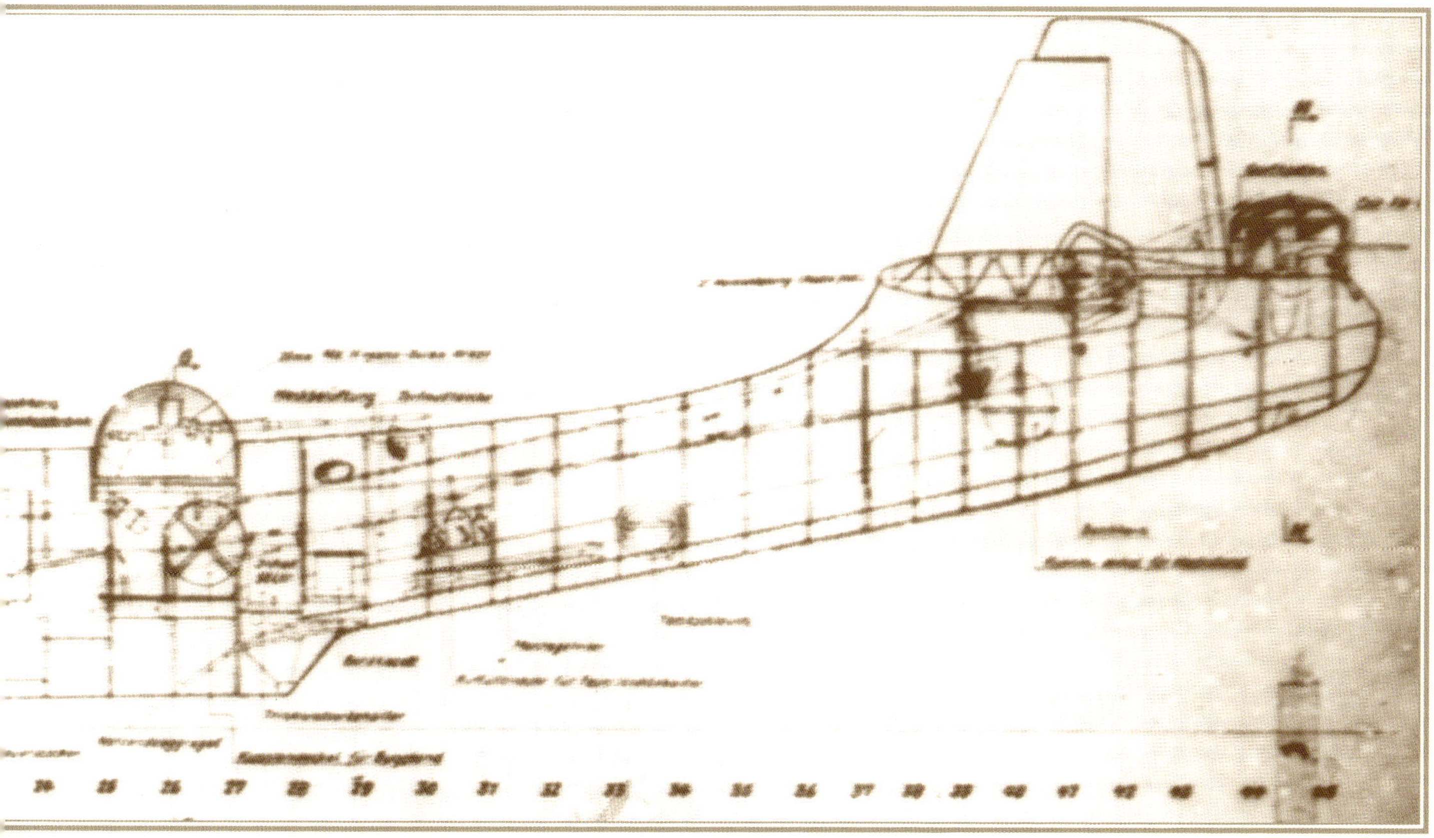

Iren Dornier

Irenäus kommt aus dem Griechischen und heißt der Friedliche. Und doch ist aus dem kleinen Jungen, der diesen großen Namen trug, ein Kämpfer geworden. Allerdings einer, der sich der Waffen des Friedens bedient: Motivation, Esprit, Charme, Teamgeist, Leidenschaft.

Heute nennt er sich kurz Iren, doch ist es natürlich der Name Dornier, der sein Leben stärker geprägt hat als alles andere. In eine solche Familie wird man nicht geboren, ohne dass lebenslange Spuren bleiben. Und sei es zunächst in Form des verstärkten Bedürfnisses, sich freizuschwimmen von deren Vorgaben, Erwartungen und Traditionen.

Was macht einer, dessen Großvater schon zu Lebzeiten Legende war? Der als kleiner Junge glückliche Sommertage bei diesem Großvater in der Schweiz verbrachte, mit ihm Wasserräder baute, dessen Name aber auch in den Geschichtsbüchern steht und für Tausende Familien im Heimatort Lohn und Brot bedeutet? Der im Familienalbum Fotos vom Großvater beim amerikanischen Präsidenten sieht und vom Vater, der als fünfjähriger Knirps bereits mit dem König von Siam in der Do-X geflogen ist?

Der eigene Weg

Er macht erst einmal etwas ganz anderes, als die Herkunft nahe legt. Nach dem Gymnasium in Friedrichshafen und dem Internat in der Schweiz beschreitet Iren Dornier einen Weg, der ihn zunächst weit weg führt von der Fliegerei und von jeglicher Technik.

Seine Naturverbundenheit und sein ästhetisches Empfinden sind früh ausgeprägt gewesen, so dass er zunächst zwei Ausbildungen, in biologisch-dynamischer Landwirt-

schaft und danach in Kunstschmiedetechnik, absolviert und mit Diplom abschießt. Doch seine Zukunft sollte ganz anders aussehen.

Iren Dornier entschloss sich, sein damaliges Hobby – die Fotografie – zu seinem richtigen Beruf zu machen. Er hatte zum ersten Mal das Gefühl, mit dem, was er tat, auf dem richtigen, dem eigenen Weg unterwegs zu sein. Er lernte schnell, assistierte den renommierten Fotografen Jochen Harder in München und Reinhart Wolf in Hamburg und etablierte sich bald als viel gebuchter Modefotograf mit eigenen Studios. Zu zeigen, dass er anders fotografieren kann als Hunderte andere, Fotos machen kann, die seine Handschrift tragen, seinen Stil transportieren, und sich in diesen Fotos selbst erkennen – das war für ihn »einer der schönsten Jobs der Welt«.

Das nächste Jahrzehnt über fand er in der Welt der Mode mit all ihrer Inbrunst und ihren Paradoxien ein Zuhause. Er richtete sich zwischen Anmut, Licht und Farben ein, seine Fotos erschienen in *Vogue* und *Cosmopolitan*, zu seinen regelmäßigen Auftraggebern gehörte Modegott Gianni Versace.

Zum ersten Mal verdiente der Sohn aus reichem Haus selbst richtig gut. Für ihn ist es ein ungewohntes Gefühl, denn »im Vergleich zu Kindern aus anderen Familien wurden wir extrem sparsam erzogen«. Kein Taschengeld, es sei denn gegen kleinere Arbeiten wie Rasenmähen. Einfach so ein neues Fahrrad oder, später, gar ein Auto – »das gab es bei uns nicht«.

Die Leidenschaft für Technik

Vielleicht wurde Iren Dornier auch deshalb schon früh erfinderisch, wenn es ums Geldverdienen ging. Radios, Motorräder, Autos – an allem schraubte und werkelte er, reparierte und restaurierte, was ihm in die Finger fiel. So verdiente er sich etwas Geld – und konnte seine Passion für die Technik leben, die ihm bei aller scheinbaren Abweichung vom Familienpfad zweifellos angeboren ist. Wer Iren Dornier heute in der Werkshalle mit seinen Ingenieuren über Antriebswellen, Neigungswinkel, Vorspannventile oder die Idealform einer Tragfläche debattieren hört, vermutet sicher, da rede einer mit mindestens einem Hochschulabschluss als Flugzeugbauer, in Elektronik oder Luft- und Raumfahrttechnik.

Er selbst nennt sich einen *»entrepreneur, artist and technician by heart«*. Schon als kleinen Bub hatte er die Technik im Blut – erfinderisch und kreativ setzte er viele seiner Ideen um. Zum Beispiel erfand er einen Reinigungsroboter für Wolkenkratzer, den er sich patentieren ließ und designte Uhren, die er viele Jahre später zu einer Kollektion aufbaut. Später, auf der Welttour mit der »Latina« ist es häufig er, der die sprichwörtliche Nadel im Heuhafen, also die eine Schraube unter den Tausenden, diese Klappe und jenes Kabel findet, an dem es liegt, wenn die alte Dame muckt. Die »Latina« gleicht, was ihre Schönheit leicht vergessen lässt, zumindest auf den ersten Etappen der *Mission:Dream* einer Art fliegendem Labor. Die Reise um die Welt ist eigentlich ihr Jungfernflug.

Als bei einem Landeanflug das Fahrwerk zum wiederholten Mal Schwierigkeiten macht, studiert Iren Dornier stundenlang die Baupläne – und markiert morgens um vier schließlich ein einziges Ventil in der Tausende von Details enthaltenden Zeichnung. »Das ist es, oder ich werde verrückt!« Iren geht kurz schlafen, kehrt morgens früh um acht zur »Latina« zurück, baut das verdächtige Ventil aus und setzt es entgegengesetzt der damals abgezeichneten Bauunterlage ein – und das Fahrwerk funktionierte tadellos. Heute darf er als Flugzeugtechniker

Iren Dornier

Iren Dornier und sein Vater Silvius (rechts)

und Authorized Company Inspector der philippinischen Luftfahrtbehörde technische Kontrollen an einem Flugzeug oder Installationen zum Einbau eines Ferrytanks für Überführungsflugzeuge abzeichnen.

Zur Technik zog es ihn auch, als er vom Fotografieren genug hatte, jedenfalls von der »Katalogarbeit«, von der Arbeit nach der Vorgabe anderer. Er wollte kreativ sein, selbstbestimmt arbeiten, sein Eigenes machen, wieder näher an seine Träume rücken. Und ging als freier Fotograf nach Spanien und 1990 dann für vier Jahre nach Amerika.

Fliegen lernen

In Amerika will er den Beschränkungen seiner zur Gewohnheit gewordenen Welt entfliehen. Fliegen lernen von der Pike auf. In Kalifornien und Florida erwirbt er jeden nur denkbaren Flugschein. Privathubschrauber. Privatflugzeug. Kontrollierter Sichtflug. Berufspilot. Verkehrsflugzeug. Fluglehrer. Um Flugstunden zu sammeln, arbeitet er als Ferry-Pilot und überführt Flugzeuge in alle Welt. Eine verrückte Zeit voller Abenteuer beginnt. Eine Zeit, über die Iren Dornier rückblickend nur knapp sagt: »Ich habe Dinge gemacht, die ich heute vermutlich nicht mehr machen würde.« Dazu gehört, immer neue Flugzeugtypen nach kürzester Einweisungszeit zu fliegen, gehören Überführungsflüge bei haarsträubendem Wetter, Nachtflüge bis hart ans physische Limit. Stunde um Stunde, Tag um Tag verbringt er über den Wolken und kann von der Cessna bis zum Airbus, vom Hubschrauber bis zum Alpha Jet bald alle gängigen Sport-, Passagier- und Frachtflugzeuge fliegen. Die Welt seines Großvaters wird nun doch noch seine Welt. Er erschließt sie sich (zunächst) nicht am Zeichenbrett oder in der Flugwerft, sondern über das Cockpit. Von hier aus erobert er sie sich, die Welt der Flugzeuge.

Großvater und Enkel

Als sein Großvater starb, war Iren zehn Jahre alt. Doch fühlt er sich ihm sein Leben lang »durch ein unsichtbares Band« verbunden. Rein äußerlich haben Claude und Iren Dornier wenig gemeinsam. Der Großvater erscheint auf allen Fotos stets akkurat mit Anzug und Krawatte, streng geradezu, zeigt keine coolen Fliegerposen oder »Thumbs

Claude Dornier als junger Ingenieur

up«, wie sie der Enkel bisweilen pflegt. Aber so locker Iren Dornier in Jeans und Fliegerjacke, mit T-Shirt und Turnschuhen auch wirken mag – die eiserne Disziplin seines Großvaters ist ihm keineswegs fremd. Die Hartnäckigkeit, mit der er den Traum von der fliegenden Do-24 verfolgte, die Entschlossenheit, mit der er Pläne umsetzt – was sind sie anderes als eine moderne Entsprechung dessen, was zu seines Großvaters Zeit eben »eiserne Disziplin« hieß?

Auch wenn Iren Dornier mit der Rolle des »Gipsy der Familie« kokettiert, weiß er genau, dass seine Träume ihn nicht zum Traumtänzer machen, sondern immer wieder als Ansporn, als Erinnerung dienen, was im Leben möglich ist. Einzelne, die Großes vollbringen, so hat er auf seinen Reisen um die Welt beobachtet, sind oft von einer wilden Entschlossenheit. Sind bereit, alle Zweifel beiseite zu schieben. Das konnte sein Großvater, und das kann er auch.

Der Weg auf die Philippinen

Die Dynamik seiner Suche nach dem eigenen Weg führte ihn immer wieder auf völlig neue Pfade. 1994 zum Beispiel auf die Philippinen, wo er bis heute seinen Wohnsitz hat. Nach einem anstrengenden Ferry-Flug wollte er ein paar Tage Urlaub machen und landete zusammen mit seinem Bruder auf einem Eiland der entlegenen Inselgruppe Palawan. Er käme in zwei Tagen wieder, rief der Kapitän des Bootes ihnen noch zu, bevor er übers offene Meer entschwand. Und Iren und sein Bruder verbrachten bezaubernde Tage in der Wildnis, versorgt von den Fischern der Insel, fernab aller Tourismusströme. Dies sind die Momente, die der Seele Glanz verleihen.

1994 gab es auf Palawan keinen Flughafen, keinen regelmäßigen Schiffsverkehr zu den anderen Inseln, und der Rest der Welt war unendlich weit weg. Iren Dornier hat hier eine weitere Station seines bewegten Lebens entdeckt. Im Nordosten Palawans, auf der Insel Apulit, errichtete er ein Jahr später – in Partnerschaft und als Mitgesellschafter kommen Cornelius und Vater Silvius dazu – ein naturnahes Hotel, den Club Noah, mit kleinen Bungalows über dem lichten Azur des Meeres. Und was liegt für einen Piloten, einen Unternehmer, einen Dornier näher, als sofort auch über den Transport seiner Gäste nachzudenken? Gemeinsam mit dem Amerikaner und Piloten Nikos Gitsis gründete Iren Dornier die South East

Asian Airlines (SEAIR). Sein Lieblingsflugzeug stand zwar noch in Oberschleißheim im Museum, aber der Enkel des großen Flugzeugbauers hatte nun eine eigene Fluggesellschaft.

Für den Traum von der fliegenden Do-24 werden die Philippinen und wird diese Fluggesellschaft eine Schlüsselrolle spielen. In Deutschland hätten die Bedenkenträger vielleicht Recht behalten, wäre die Restauration zu teuer, wären die Hürden zu hoch gewesen.

Leicht wurde es auch auf den Philippinen nicht. Aber mit der eigenen Fluggesellschaft, seinen Mitarbeitern, seinen Technikern und einem eigenen Wartungsbetrieb baute sich Iren Dornier rund um die philippinische Stadt Clark eine Infrastruktur auf, die ihm dabei half, aus dem Museumsstück wieder fliegende Architektur zu machen.

Abenteuer Überführungsflug

Zuvor aber musste er noch einige Abenteuer überstehen. Im Herbst 1996 etwa, als seine philippinische Geschäftspartnerin plötzlich beschloss, SEAIR gehöre eigentlich ihr. Fünf Flugzeuge standen auf dem Spiel. Von einem Tag auf den anderen verweigerten bewaffnete Männer Iren Dornier und Nikos Gitsis den Zutritt zum Firmengelände. Mit einem Hubschrauber und einem Bolzenschneider gelangen die beiden schließlich doch in ihre Büros und bringen Logbücher und das Firmenarchiv in ihren Besitz – der Auftakt zu einem Nervenkrieg wie aus einem Thriller von John le Carré. Die beiden Unternehmer werden verhaftet, ihre Pässe beschlagnahmt, nur mit viel Raffinesse, Glück und Strippenziehen kommen sie wieder frei und planen, als sie nicht mehr weiter wissen, eine wagemutige Flucht nach vorn. Still und umsichtig bereiten sie über Wochen ihr wertvollstes Flugzeug, eine Let-410 Turbolet, auf eine heimliche Ausreise vor. Im Hangar 7224 auf dem Clark International Airport, wo acht Jahre später die Do-24 ATT ihre Flugtauglichkeit wiedererlangen wird, erhält die zweimotorige Let einen zusätzlichen Tank, um damit ihre Reichweite zu erhöhen. In der Nacht vor dem geplanten Take-off tanken die beiden Männer im Schutz der Dunkelheit die Maschine voll. Im Morgengrauen dann ist es so weit, sie rollen zur Startbahn, als ihre Kontrahentin auf dem Flugfeld auftaucht und ihren Chauffeur in eine hollywoodreife Verfolgungsjagd schickt.

Doch Iren Dornier setzt den Start unbeirrt fort. Vom Tower kommen aufgebrachte Kommandos, in der Fliegerwelt natürlich auf Englisch: »RPC-985, you must return and land immediately, you do not have authority to fly.« [1] Iren Dornier funkt zurück: »Ah, say again Clark tower, your radio transmission is un-readable, say again your last message.« Wenig später sind sie im Zuständigkeitsbereich der Abflugkontrolle von Manila.

»Manila Departure, this is RPC-985, passing two thousand feet.«

»Roger 985, climb to ten thousand feet, you are cleared direct Boney Intersection, report level.«

Sie haben es geschafft. Die erste Etappe zumindest.

[1] Die Zitate stammen aus dem Buch: Spike Nasmyth, So you want to be a Ferry Pilot, Victoria (Canada) 2003, und beruhen auf einer Erzählung von Iren Dornier und Nikos Gitsis.

Doch das nächste Problem wartet schon. Normalerweise melden sich Piloten bei einem Überführungsflug vorab bei allen vorgesehenen Zwischenstationen an, um die Landeerlaubnis für die Länder entlang ihrer Route zu erhalten. Da sie aber nicht die vorzeitige Entdeckung ihres Fluchtplans riskieren wollten, behielten Iren Dornier und sein Partner Startzeit und Flugroute für sich. Niemand weiß also, dass sie kommen, während sie in den japanischen Luftraum einfliegen. Als sie noch eine Stunde von der Insel Okinawa entfernt sind, melden sie sich über Funk beim Flughafen in Naha.

»Naha approach control, this is RPC-985, we're one hundred forty miles on the two hundred degree radial of Naha, level at ten thousand feet.«

»RPC-985, you are not cleared to land in Japan, you may return to the Philippines or proceed to Russia, you cannot land in Okinawa.«

Iren Dornier

Das gleiche Spiel wie beim Start beginnt. »Naha, please speak more slowly, we cannot understand your transmission.«

»R-P-C-9-8-5, -you-can-not-land-at-Naha. Return-to-the-Philippines-or-continue-on-to-Russia.«

»Understand, we are cleared to land at Naha, thank you very much.«

Als sie noch 50 Meilen von Naha entfernt sind, teilt Iren Dornier dem Tower mit, ihr Sprit reiche gerade noch für eine Landung auf Okinawa – und erhält endlich das ersehnte Signal »*cleared to land*«.

Am Boden werden sie sofort in ein Hotel gebracht und unter Hausarrest gestellt. Viele, viele Stunden Verhör folgen: Wer sie sind, woher sie kommen, warum sie mit einem russischen Flugzeug, das auf den Philippinen registriert ist, unangemeldet nach Japan fliegen und wer die Frau sei, die mehrmals am Tag von den Philippinen aus anrufe und nach dem Flugzeug frage. Besonders aber irritiert und interessiert die Japaner eine Frage: Warum der Pilot, wenn er doch Dornier heißt, in einem Let-Flugzeug unterwegs sei und nicht in einer Dornier-Maschine? Nach fünf Tagen haben sie die japanischen Behörden von ihrer Geschichte überzeugt und dürfen weiterfliegen.

Über Sapporo geht es weiter ins sibirische Petropavlosk. Unterwegs kämpfen sie in klirrender Kälte mit Eis auf den Tragflächen, mit russischen Funkern, die kaum Englisch sprechen. Beim Anflug auf Petropavlosk herrscht dichter Nebel und ein delirierender Controller wirft Fuß und Meter durcheinander. Fast hätte er sie im Wodkarausch gegen eine Bergwand geleitet. Auf der Etappe von Sibirien nach Alaska – ihr endgültiges Ziel ist Fort Lauderdale in Florida – entgehen sie knapp dem Abschuss durch eine F16-Staffel, die von der US-Air Force in Bereitschaft gesetzt wird, als die Let-410 sich unangekündigt der Sheyma Air Force Base nähert. Wegen Funkproblemen können sie keinen Kontakt aufnehmen, landen aber schließlich unbehelligt. Der Rest der Strecke ist ein Kinderspiel: Nome – Anchorage – Ketchikan – Seattle – Cheyenne – Littlerock – Fort Lauderdale. Dort wartet ein Käufer auf die Let-410: *Mission accomplished.*

Die dramatische Flucht hat offenbar auch ihre streitlustige Konkurrentin auf den Philippinen davon überzeugt, sich die Falschen für ihre Machtprobe auserkoren zu haben. Der Streit wird endlich beigelegt, sie scheidet aus der Firma aus und SEAIR wächst zu einer florierenden Regionalfluggesellschaft heran.

Auf der Suche nach dem Traum

Es ist Zeit für Iren Dornier, sich seines Traums zu besinnen. Mitte der Neunzigerjahre beginnt er mit der Suche nach einer Do-24. Zunächst nach irgendeiner – denn auf jene, in der er als kleiner Junge flog, wagte er zu dem Zeitpunkt nicht zu hoffen. War sie doch in der Zwischenzeit zum Forschungsobjekt avanciert und mit 40 Millionen Mark vom Bundesministerium für Forschung und Technologie zum Amphibischen Technologieträger (ATT) umgerüstet worden. Sie schien ihm unerreichbar. Und so hörte und sah er sich zuerst in Australien und Spanien nach einer Do-24 um, bis er sich schließlich ein Herz fasst und in einem Brief um seine große Liebe warb.

Und siehe da, das scheinbar Unmögliche gelingt: Die Schöpfung des Großvaters wird dem Enkel überschrieben, mehr als ein halbes Jahrhundert nachdem sie mit der Werknummer 5345 die Flugwerften in Dordrecht, Vlissingen und Amsterdam verlassen hat. Und das, obwohl Iren Dornier selbst kaum auf Zuschlag zu hoffen wagte, als er den Brief abschickte, in dem er den Verantwortlichen bei der EADS, zu der Dornier und damit auch die DO-24 seit 1984 gehören, erklärte, warum das in einem fünfjährigen Versuchsprogramm umgerüstete Flugboot bei ihm besser aufgehoben wäre als im Museum. Gegen alle Wahrscheinlichkeit, gegen alle Logik, versuchte er einfach sein Glück und unterbreitete ein Angebot für die alte, neue Do-24.

Die Metamorphose

Die Do-24 war, als Dornier um sie warb, im Innersten zwar noch jenes Flugzeug, in das sich der kleine Iren im August 1971 bei einer Landung auf dem Bodensee verliebt hatte. Technologisch aber hatte die Do-24 seit jenem Sommertag eine beeindruckende Metamorphose durchlaufen, die Irens Jugendliebe noch einzigartiger machte.

Die Verwandlung fand ihren Anfang, als das Bundesforschungsministerium im festen Glauben an einen zukunftsträchtigen Markt für Amphibienflugzeuge ein entsprechendes Forschungsprogramm ausschrieb. Und wer war prädestiniert für ein solches Programm, wenn nicht die Firma Dornier, die Pioniere auf dem Gebiet der Flugboote, die über die Jahrzehnte vom Zweisitzer bis zum seinerseits weltgrößten Passagierflugzeug die breiteste Modellpalette entwickelt hatte? Schon 1915 baute Claude Dornier das RS I, sein allererstes Flugboot. Das Riesenflugboot war fast ausschließlich in Metallbauweise gefertigt, und schon dieses frühe Modell hatte die für die Dornier-Flugboote so typischen Stützschwimmer am Unterflügel, die große Stabilität im Wasser garantierten.

Warum Flugboote? In der Anfangszeit boten sie die Chance, neue Strecken zu erkunden. Ein See, ein Hafen, ein Fluss – mehr braucht es nicht, damit ein Flugboot landen kann. Zum anderen waren die Flugzeugmotoren von damals noch alles andere als zuverlässig. Für lange Strecken, wie sie Claude Dornier vorschwebten – über

Die Do-24 T

Die einzige Do-24 T1, die bei der schwedischen Luftwaffe bis 1951 im Dienst war

den Atlantik nach Amerika –, musste das Flugzeug schon aus Sicherheitsgründen im Wasser landen und dort zur Not lange überdauern können. Ihre Glanzzeit erlebten die Flugboote in den Zwanziger- und Dreißigerjahren, als der Dornier Wal neue Postrouten erschloss und Forschungsreisende wie Roald Amundsen und Wolfgang von Gronau immer neue Grenzen suchten. Und natürlich mit dem Weltflug der Do-X.

Amphibischer Technologieträger

Ein Blick in die Zielvorgaben von damals lässt ahnen, welch robuste Natur die »Latina« heute unter ihrem anmutigen Antlitz verbirgt: Mit dem Umbau sollte die Hochseetüchtigkeit gesteigert und mehr Einsatzflexibilität erreicht werden, die STOL-Eigenschaften wurden verbessert – also die Strecke, die mindestens für Start und Landung gebraucht wird, verkürzt – und der Treibstoffverbrauch gesenkt. Dafür wurde die alte Dame von Grund auf modernisiert. Mit Ausnahme des Rumpfes und der Leitwerke erhielt das alte Flugboot ein rundum neues Leben.

Die alte Do-24 schräg von vorne mit Search and Rescue Aufschrift

Auf den alten, in Ganzschalenbauweise gefertigten Rumpf wurde ein hochmoderner Flügel mit 30 Metern Spannbreite montiert, ein abgestrebtes Trapez, das den damals neuesten Erkenntnissen der Aerodynamik entsprach. Flügelprofil und Landeklappen stammten aus dem ebenfalls vom Bundesforschungsministerium geförderten Programm *Tragflügel Neuer Technologie* (TNT). Gegenüber herkömmlichen Profilen sorgt der von der Flügelwurzel bis zum Beginn des Randbogens rechteckige Grundriss der Flügel für geringeren Widerstand und höheren Auftrieb. Drei 1125 PS starke Turboproptriebwerke PT6A-45 der Firma Pratt & Withney ersetzten die alten Kolbentriebwerke. Am Bug wurde zusätzlich das Fahrwerk einer Fokker F 27 Friendship angebracht, das Hauptfahrwerk hingegen rollte ursprünglich unter der Do-31, dem einzigen Transportflugzeug weltweit, das senkrecht starten und landen konnte. Dornier entwickelte diesen Senkrechtstarter in den Sechzigerjahren im Auftrag der bundesdeutschen Luftwaffe und baute zwischen 1967 und 1969 zwei Prototypen; in Serie aber ging das Modell nie.

Erfolgreiche Test- und Erstflüge

Nach vier Jahren Forschung, Planung, Montage und einer Reihe von Rollversuchen kletterten am Abend des 25. April 1983 auf dem Werkflugplatz von Dornier in Oberpfaffenhofen Cheftestpilot Dieter Thomas und sein Co-Pilot Meinhard Feuersenger erwartungsvoll in das umgebaute Do-24-Cockpit mit erhöhtem Dach und mit neuer Instrumentierung und starteten zum Erstflug der Do-24 ATT (das Kürzel steht für Amphibischer Technologieträger), registriert unter dem deutschen Zivil-Kennzeichen »D-CATD«.

Über eine Stunde blieben sie in der Luft. »Dornier informiert: Erstflug des Experimental-Amphibienflugzeugs erfolgreich«, verkündete die Presseabteilung des Unternehmens anschließend heiter. Alle Testflüge zusammengerechnet, verbrachte Dieter Thomas fast drei Tage und Nächte in der Do-24 ATT, insgesamt 66 Flugstunden. Im Sommer 1983 folgte dann die See-Erprobung in der Ostsee. Ein Jahr später bewährten sich die neuen Flossenstummel während der Hochsee-Erprobung in der Nordsee bei Seegang Stärke 4 – also in Wellen bis zu zwei Metern Höhe mit weißen Schaumköpfen. »Fast wie im U-Boot« sei er sich vorgekommen, sagt Thomas rückblickend; das Amphibium aber, wie auch schon das Ursprungsmodell des Dornier-Flugboots, meisterte die raue See mühelos. In seiner über dreißigjährigen Pilotenkarriere hat Thomas Dutzende von Flugzeugen erprobt, darunter die Dornier-Modelle Do-TST, Do-TNT, Do-228 und Do-28 – von der Do-24 ATT schwärmt er bis heute: »Diese Kombination aus Wasser und Luft, das war das Schönste, was ich als Testpilot erlebt habe.«

Die alte Do-24

Die Do-24

Turbulenzen und neue Eigentümer

Doch bevor das Amphibienflugzeug richtig abheben und zur Marktreife gedeihen konnte, wurde es durch Turbulenzen im Haus Dornier geerdet. Differenzen in der Familie führten 1985 zu einem Verkauf der Mehrheitsanteile an der Firma an Daimler-Benz. In den folgenden Jahren wurde das traditionsreiche, zum Konzern gewachsene Familienunternehmen mit fast 9000 Beschäftigten und einem Umsatz von 1,5 Milliarden Mark in viele einzelne Gesellschaften zerschlagen. 1989 ging es weitgehend in der Deutschen Aerospace AG (DASA) und später in der European Aeronautic Defence and Space Company (EADS) auf. Die neuen Eigentümer bei Daimler-Benz glaubten nicht an die Zukunft amphibischer Flugzeuge und beendeten das Forschungsprojekt – abruptes Ende eines Höhenflugs.

Der kleine Junge und die große Liebe

Und so blieb die Do-24 ATT die einzige ihrer Art. Kein simples Flugboot mehr, sondern ein Amphibium, mit Flossenstummeln und Fahrgestell. Die veredelte Dame kommt kurz vor ihrem 50. Geburtstag als Leihgabe ins Museum. Ein bewegter Lebensweg liegt hinter ihr: vom Rettungsflieger in Spanien zum Hoffnungsträger für neue Technologie bis zum Exponat in der Flugwerft Schleißheim des Deutschen Museums München.

Und dort stünde das außergewöhnliche Flugboot wohl heute noch, hätte es nicht den kleinen Jungen mit dem großen Traum gegeben. Seine Offerte für die große Liebe, das war Iren Dornier klar, als er den Brief schrieb, kann die Forschungsmittel niemals aufwiegen, die in das »amphibische Versuchsflugzeug« gesteckt wurden. Aber wann ist die große Liebe schon käuflich? Und so schildert Iren Dornier denn auch den »ungeheuren sentimentalen Wert«, den diese Do-24 für ihn, als Mitglied der Familie, als Enkel von Claude Dornier, habe. Er gelobt, ihr »gebührende Anerkennung« zu verschaffen und einen Ehrenplatz in der Welt der Aviatik.

Vier Monate verstrichen. Iren Dornier, eingespannt in den Alltag seiner Unternehmen, dachte kaum noch an den Brief, als eines Morgens ein Schreiben im Briefkasten lag: »Hiermit teilen wir Ihnen mit, dass Sie Besitzer der Do-24 ATT sind. Bitte haben Sie die Güte, den uns offerierten Betrag auf folgendes Konto zu überweisen ...«

Ungläubig blickte Iren Dornier auf den Brief in seiner Hand. Als habe er »eine Nachricht aus einer anderen Dimension« erhalten. Er – stolzer Besitzer der Do-24 ATT! Der kleine Junge und die große Liebe. Nun kann er beginnen, kann den Traum Wirklichkeit werden lassen. Doch noch immer liegt ein weiter Weg vor ihm. Der erste Schritt aber ist gemacht.

Der zweite führte Iren Dornier ins Museum. Zu seiner stillgelegten Jugendliebe. Kontaktaufnahme und erstes Schäferstündchen. Vier Jahre würde es nun noch dauern, bis die beiden gemeinsam in den Himmel über Clark auf den Philippinen aufsteigen. Zwischen der Begegnung in der Museumsflugwert in Schleißheim und dem Start in Clark aber liegt noch das, was Iren Dornier kurz und präzise einen »logistischen Alptraum« nennt.

Das neue Leben der Do-24 ATT

Endlich gehört die Do-24 Iren Dornier. Er darf sie mitnehmen und hat Großes mit ihr vor. Trotzdem ist die erste Dezemberwoche 2002 eine Zeit der Trauer. Nicht für Iren Dornier, der endlich nach München kommt, das ihm überschriebene Flugboot abzuholen. Wohl aber für die Mitarbeiter der Flugwerft Schleißheim, die Abschied nehmen müssen von ihrem Star.

Zehn Jahre weilte die Do-24 ATT in ihrer Obhut, zehn Jahre hielt das damals noch dynamisch schwarz-weiß lackierte *Amphibian Experimental* aus dem Haus Dornier den Logenplatz unter allen Exponaten, bestaunt und verehrt von Tausenden von Aviatikfreunden. Zwar wussten sie im Museum längst, dass die Tage der geliehenen Schönheit bei ihnen gezählt waren. Während Iren Dornier noch Kostenvoranschläge einholte, die Hürden einer Wiederzulassung in Europa kennen lernte, Expertenmeinungen anhörte und verwarf und schließlich zu der Überzeugung gelangte, seinen Traum von der fliegenden Do nur fern ihrer und seiner alten deutschen Heimat verwirklichen zu können, durfte das Lieblingsstück noch in Schleißheim bleiben. Drei Jahre dauerte dieser Abschied mit Verzögerung.

Als es soweit ist, blutet dem Museumspersonal das Herz. Nur widerwillig geben sie ihr Pflegekind heraus, zumal die Pläne seines neuen Hüters sie sorgenvoll stimmen. Das Flugzeug auseinandernehmen? Einpacken und um die halbe Welt schicken? Fremde Hände an das Einzelstück lassen? Und alles in der Hoffnung, dass es wieder fliegt?

Iren Dornier blickte in skeptische Gesichter. Obwohl das Flugzeug seines ist, obwohl er die Do-24 mit seiner *Mission:Dream* erst recht ehren und der ganzen Welt zeigen will, fühlte er sich an jenem Tag, als nehme er dem Museum etwas weg.

Die Zweifel aber, die Bedenken, die ihm nicht nur dort entgegenschlugen, spornten ihn gleichzeitig an. Ihr glaubt nicht, dass sie wieder fliegen wird? Ihr werdet es sehen, dachte er innerlich. Dieser Gedanke gab ihm immer wieder Kraft im nächsten Jahr, auf dem langen Hindernislauf zum Ziel.

Eine Schönheit wird zerlegt

Schon das Abholen der Do-24 war schwierig. Denn natürlich nimmt man ein Flugzeug nicht mal eben so mit. Schon gar nicht eines, das seit fast 20 Jahren nicht mehr in der Luft war. Der Weg der Do führte diesmal über Land. Bei Schneeregen und Schmuddelwetter montierten Iren Dornier und sein Team in mehreren Tagen Arbeit Flügel und Triebwerke ab und zerlegten das Leitwerk. Am 11. Dezember 2002 kamen die ersten Flugzeugteile in einen 40-Fuß-Container mit der Nummer TRIU 905511-5. Rumpf und Tragwerk blieben noch zurück, der Container wurde nach Hamburg expediert und dort auf den Frachter Gothenburg der südkoreanischen Reederei Hanjiin verladen. Unter der Flagge der Marshall Islands machten sich am 15. Dezember 2002 knapp 2 000 Kilogramm höchste Ingenieurskunst säuberlich zerlegt auf die Überfahrt von Hamburg über Hongkong zu den Philippinen. Adressat: SEAIR Inc., Hangar 7224, Clark International Airport, Clark Special Economic Zone, Clark Field, Pampanga, Philippines. Soweit der einfachere Part der Flugzeuglandverschickung.

Beim Verpacken der Do-24

Die zweite Etappe der Flugzeuglandverschickung

Vier Monate später ging es in die nächste Runde, und die war weitaus komplizierter. Im April 2003 machte Iren Dornier Leib und Seele der Do reisefertig – Rumpf und Tragwerk. Eine heikle Fracht: Beides musste für die mehrere Tausend Kilometer weite Fahrt stabil und rutschfest verpackt werden. Jede Beule am Flügel wäre tragisch, ein größerer Schaden eine Katastrophe. Iren Dornier entwarf deshalb eigens ein Transportgestell, in dem das kostbare Tragwerk fest und zugleich stoßsicher verankert werden konnte. In dicke Plastikfolie verpackt hievten die Packer die Teile der Do-24 auf zwei Tieflader, und am 14. April 2003 rollte das sperrige Gut über die Autobahn von München nach Heilbronn. Auf einem Binnenschiff ging die Reise weiter, acht Tage lang über den Neckar in den Rhein und in Richtung Schelde, zum zweitgrößten Hafen Europas, nach Antwerpen.

Auf dem Tieflader geht es von München nach Heilbronn

Von dort startete zwei Monate später die nächste Etappe. Am 17. Juni legte die Apache Maiden unter philippinischer Flagge in Antwerpen ab.
An Bord: 11 650 Kilogramm Do-24.
Zielhafen: Manila.

Die Apache Maiden ist kein einfacher Containerfrachter, sondern ein *Multipurpose Tweendecker* – ein Schiff, das je nach Bedarf in unterschiedlich große Laderäume für sperrige oder empfindliche Fracht, die nicht in standardisierte Container passt, unterteilt werden kann, also wie geschaffen für den fragilen Körper der Do-24. Zwei Monate schaukelte das zerlegte Flugzeug auf hoher See, dann stand in Manila die nächste Herausforderung an: Als die Apache Maiden in den Hafen einlaufen will, liegt die Stadt unter schwerem Sturm, das Schiff darf nicht zum Entladen in den Hafen einfahren.

Die Do-24 ATT musste ohnehin noch weiter, die Straßen von Manila nach Clark sind nicht breit genug für einen Transport dieser Dimension. Deshalb hat Iren Dornier eine Barkasse organisiert, die Rumpf und Tragwerk über See weiter nach Subic Bay bringen soll, 100 Kilometer nordwestlich der Bucht von Manila.

Wegen des geschlossenen Hafens mussten die Flugzeugteile auf stürmischer See direkt von einem Schiff auf das andere umgeladen werden. Bei dem waghalsigen Manöver ging beinahe das Tragwerk zu Bruch. Mit Schaudern erinnert sich Iren Dornier an den Kraftakt, seine Schöne an Land zu bringen. Auf der Barkasse lag die Do-24 dann noch tagelang im Sturm, »bis wir endlich das Go-Signal bekamen, es nach Subic rüberzubringen.«

Ein Flugzeug reist über Land

Endlich im Hafen von Subic angekommen, einst ein großer Stützpunkt der US-Navy, heute die *Subic Bay Freeport Zone*, tauchte gleich das nächste Problem auf: Kein Transportunternehmen wollte das Abenteuer wagen, das Flugzeug von Subic nach Clark zu bringen, wo Iren Dornier seine Firma und seinen Flugzeughangar hat.

Unmöglich, sagten die Spediteure. Gleich an der nächsten Straßenecke werde man hängenbleiben.

Unmöglich? Für dieses Wort ist Iren Dornier taub, nachdem er sein Flugzeug um die halbe Welt geschifft hat. Er überzeugte den Spediteur, ihm einen Tieflader und einen Lastwagen zu überlassen, auf dass er seine Do selbst nach Clark bringe. Er trieb einen couragierten Fahrer auf, fuhr den Tieflader selbst von der Spedition in den Hafen und lud die Do-24 höchstpersönlich aus der Barkasse ab, »mit Kränen hin und her, eine Riesenaktion!« Endlich stehen die fast 12 Tonnen auf festem Grund. Der größte Straßentransport in der Geschichte von Subic kann beginnen.

Ausgestattet mit Funkgeräten, Kettensäge, Schweißbrenner und weiterem Werkzeug fahren sie abends um neun Uhr im Hafen los.

Iren Dornier braucht in den nächsten zwölf Stunden gute Nerven. Seine Do-24, die einst so elegant und erhaben durch die Lüfte glitt, stellt ihn am Boden Meter um Meter vor fast unlösbare Aufgaben. »Wir haben Straßenschilder abgesägt und anschließend wieder angeschweißt, wir haben Brückengeländer abgebaut, Bäume abgesägt ...« Einmal kam ihnen ein mit Eisen beladener Lastwagen auf enger Fahrbahn entgegen, sie wollten ausweichen und gerieten ins Kippen. Von irgendwoher besorgten sie einen Gabelstapler, um alle Teile wieder richtig auf die Ladeflächen zu setzen, dann ging es weiter.

Um neun Uhr in der Früh kommen sie endlich in Clark an, nach einer langen Nacht im Hindernis-Parcours. Über eine Wiese holpern sie mit dem Konvoi zum Einfahrtstor des Clark International Airport – und stellen fest, der Tieflader passt nicht hindurch. Wieder muss ein Kran her, der den Flugzeugrumpf über den Zaun hievt.

Und dann ist die Do-24 am Ziel. Im Hangar 7224 stehen alle ihre Glieder, noch zerlegt, aber vollständig, ein halbes Jahr nach dem ersten Aufbruch in Schleißheim wieder beieinander: Rumpf, Tragwerk und der Container mit Leit- und Triebwerk. Und von kleineren Transportschäden abgesehen, an einzelnen Kaulings etwa, hat die alte Dame die weite Reise gut überstanden.

Die Wiedergeburt

Iren Dornier lässt einen speziellen Hebemechanismus bauen und am Hangar montieren, um den Flügel wieder auf den Rumpf zu setzen. Dann beginnt die Gesamtrestauration, von Grund auf. Die Ingenieure und Mechaniker der SEAIR zusammen mit Iren Dornier und einigen Spezialisten aus Deutschland entkernen die Do-24 bis auf die metallene Außenhaut. Kein Paneel bleibt an seinem Platz; Hunderte Kilos von Kabeln reißen sie aus dem Flugzeugbauch. Sie überholen die Triebwerke und die Propeller, erneuern die Avionikausrüstung, also die gesamte Elektronik, und schreiben entsprechend neue Flughandbücher. »Zigtausende Ingenieurstunden haben wir da reingesteckt. Jedes kleine Detail, jeder Schlauch, jede Schelle musste geröntgt oder mit Ultraschall untersucht werden.« Wo früher karge Holzbänke die Mannschaft plagten, wurden bequeme helle Ledersessel eingebaut, für die aber zunächst die g-Lasten berechnet und ein Bezug gefunden werden musste, der den Brandschutzbestimmungen der Luftfahrtbehörde entsprach. Am Ende, schätzt Iren Dornier, haben sie 8000 Arbeitsstunden investiert, um aus der schlafenden wieder eine fliegende Schönheit zu machen.

Rückschläge und Katastrophen

Natürlich bleiben auch herbe Rückschläge nicht aus. Im September 2003 gerät die »Latina« bei einem Rolltest ins Schlingern, sie gleitet von der Fahrbahn ab, rutscht in einen Bewässerungsgraben und bleibt an einem Abfluss

Das Fahrgestell ist abgerissen!

aus Beton hängen. Das gesamte Fahrgestell reißt ab, und im Flugzeugrumpf klafft ein großes Loch. Wie eine Schwerverwundete liegt die Do-24 im Gras, und jeden anderen hätte ihr Anblick vermutlich in die Resignation getrieben. »Oh mein Gott!«, dachte auch Iren Dornier für einen Moment, »das war's, das kriegen wir nicht wieder hin.«

Aber eben nur für einen Moment. Oder für eine Nacht. Am nächsten Morgen kehrte er zum Flugzeug zurück und sieht es sich genauer an. Sechs bis acht Monate, taxierte er zunächst, wird es wohl dauern, die arg mitgenommene Dame zu flicken. Zwei Tage später begannen er und sein Team mit den Reparaturen, sie arbeiteten Tag und Nacht – und nach drei Monaten sieht die Do aus, als wäre das Missgeschick niemals passiert.

Mit einem Unterschied: Die scheinbare Katastrophe erweist sich im Nachhinein als Glücksfall – denn bei den Reparaturen entdeckten sie im Rumpf einen Haarriss, der ihnen zuvor entgangen war. Vermutlich entstand er bei einem der Testflüge 1983 und wurde niemals entdeckt. Spätestens nach ein paar harten Landungen wäre das Fahrgestell abgebrochen und hätte womöglich einen schweren Unfall verursacht.

Grenzerfahrung Hubschrauberunfall

Einen Unfall hat Iren Dornier dann trotzdem – aber nicht mit der »Latina«, sondern mit einem Hubschrauber.

Für die komplizierten Reparaturen nach dem Fahrwerkabriss fliegt Iren Dornier einen erfahrenen Techniker aus Deutschland ein, der lange für das Familienunternehmen Dornier gearbeitet hat. Bevor es aber an die Arbeit geht, möchte er seinem Gast bei einem Hubschrauberrundflug noch etwas von der Insel zeigen; die einzigartige Landschaft rund um die Stadt Angeles und den Vulkan Pinatubo. Aus Rücksicht auf den Passagier, dem ein wenig schwindlig ist, fliegt er langsamer als sonst. »Sonst bin ich oft wirklich wild geflogen, aber an dem Tag war ich bedächtig wie ein Großvater«, erinnert er sich. Es beginnt zu regnen, Iren Dornier geht tiefer und fliegt ruhig über einem ausgetrockneten Flussbett. Plötzlich taucht vor ihm eine Starkstromleitung auf, die bei den Hunderten von Malen, die er die Strecke zuvor geflogen ist, nicht da war und die auch nicht auf seiner Navigationskarte verzeichnet ist. Funken sprühen wild umher, es knallt und zischt, und während Iren Dornier denkt »Oh, ich glaube, wir haben ein ernstes Problem« und noch versucht, den Hubschrauber notzulanden, trudelt der bereits dem Boden entgegen und schlägt hart im Flussbett auf. »Ich war der Meinung, ich sei tot, und sehr neugierig, was jetzt kommt. Dann stellte ich fest, ich atme noch, kann mich bewegen. Ich hatte vermutlich einen leichten Schock«, fasst Iren Dornier den dramatischen Moment später nüchtern zusammen.

Der Hubschrauber ist völlig zerstört. Iren Dornier zieht seinen Passagier aus dem Wrack. Sie sind beide arg mitgenommen, haben Prellungen und Schürfwunden. Aber gemessen aber an dem, was hätte passieren können, kann man sie allenfalls als leicht verletzt bezeichnen.

Als sie beide aus dem Wrack befreit sind, entdecken sie auf der anderen Flussseite einen *Jitney*, einen philippinischen Minibus, voller Nonnen. Sie nehmen die Abgestürzten mit. Anderthalb Stunden fahren sie bei untergehender Sonne durch eine wunderschöne Landschaft vorbei an Kirchen voller brennender Kerzen, durch entlegene Dörfer, die Iren Dornier nie zuvor gesehen hat. Die Nonnen singen, neben ihm sitzt ein junges, hübsches Mädchen, und für eine ganze Weile ist er sich nicht sicher, ob er wirklich noch lebt. Sein Handy hat keinen Empfang, es gibt keinerlei Verbindung zur Außenwelt, und so gleiten sie mit den Nonnen und ihren frommen Liedern durchs Land wie durch ein anderes Universum. »Mir war, als hätte ich ein Elixier der Klarheit getrunken. Ich sah die Welt plötzlich in einem ganz anderen Licht.«

Eine Grenzerfahrung, eine Beinahebegegnung mit dem Tod – so kurz bevor er sich auf die Reise seines Lebens macht. Als hätte er nicht bereits genügend Hindernisse bei der Realisierung seines Traums überwinden müssen. Als denke sich das Schicksal immer noch eine Probe aus, bevor es ihn mit seiner großen Liebe ans Ziel gelangen lässt. Momente, die jeden Piloten Demut lehren. »Beim Fliegen erkennt der Mensch, dass er nicht mehr ist als ein kleines Staubkorn. Und doch gibt es eben zugleich jene Momente, in denen man magische Grenzen überschreitet.«

Adrenalinstoß Erstflug

Als das neue Jahr beginnt, sind sie beide wieder wohlauf, die »Latina« und Iren Dornier, haben sich von ihren Unfällen erholt und sind in guter Form. Das müssen sie auch, denn ihnen steht ein wichtiger, ein historischer Tag bevor.

Ein Tag, auf den Iren Dornier so lange gewartet hat. Nach 32 Jahren des Träumens, Sehnens und Kämpfens heben Iren Dornier und seine »Latina« am 5. Februar 2004 vom Clark International Airport zum Erstflug ab. 20 Jahre nach dem letzten Flug der Do-24 hat Iren Dornier die Schöpfung seines Großvaters zu neuem Leben erweckt und sie der Welt der Aviatik zurückgegeben. Und einen Glaubensatz seines großen Vorbilds erneut unter Beweis gestellt: »Träume können Wirklichkeit werden durch Glück, den richtigen Esprit und wenn die nötige Menge Energie investiert wird.«

Er selbst erlebt den Erststart als »Adrenalinstoß mit einem Jauchzer dahinter«. Ein Flug deutlich aufregender als alle anderen, »denn niemand konnte mich auf der Maschine einweisen. Aber schon nach wenigen Flugstunden fühlte ich mich in der ›Latina‹ wie zu Hause«. Kein Wunder, fühlte er sich doch schon als Zwölfjähriger im Cockpit der Do-24 geborgen wie im elterlichen Heim. Nun ist er, nach einer langen Reise, auf eine gewisse Art wieder zu Hause angekommen.

Dem gemeinsamen Glück fehlt nun nur noch eines: der offizielle Segen.

Der Kampf mit den Behörden

Weil er vorhergesehen hat, dass es mit den Behörden nicht ganz einfach werden wird, sichert sich Iren Dornier früh Zuspruch von höchster Stelle und macht die philippinische Präsidentin Gloria Macapagal Arroyo zur Schirmherrin seines Flugprojekts. In einer feierlichen Zeremonie, über die die philippinische Presse und das Fernsehen berichten, weiht sie das Vorhaben ein. Er schafft es sogar, die philippinischen Behörden zu überzeugen, zum hundertjährigen Jubiläum der Luftfahrt eine Briefmarke mit dem Bild der Do-24 aufzulegen.

Ein kluger Schachzug, denn nun ist sein Flugzeug zu einem offiziellen Symbol avanciert und damit weit mehr als nur die private Liebhaberei eines leidenschaftlichen Fliegers.

Für den mühseligen Zulassungsprozess kann Iren Dornier jedes Argument, jedes noch so kleine förderliche Detail gut gebrauchen. »Ein Kampf ins Ungewisse« beginnt, in dessen Verlauf es mehr als einmal aussieht, als scheitere der große Traum nach all der Anstrengung nun auf irgendeinem Schreibtisch in Manila.

Bevor sie fliegen darf, muss die Do-24 von der Luftfahrtbehörde registriert und als lufttüchtig zugelassen werden. Die Luftfahrtbehörde verlangt dafür aber ein so genanntes *Type Certificate*, in dem die technischen Grunddaten des Modells beschrieben sind. Maße, Verwendungszweck – etwa ob Kunstflug erlaubt ist oder nicht, Passagiertransport oder nur Cargo – und Beschränkungen werden in der Regel vom Hersteller beschrieben und vom Staat der Erstzulassung im *Type Certificate* bestätigt. Nicht aber bei der Do-24, einem Kriegskind, das immer wieder modifiziert und schließlich vom Flugboot sogar zum Amphibium umgebaut wurde. Sie ist ein Unikat ohne Papiere. Darüber hinaus sind sämtliche Unterlagen, die es zur Do-24 gab – sechs Tonnen Papier insgesamt –, auf Deutsch und somit für die philippinischen Behörden unbrauchbar. »Für die

Beamten war die ›Latina‹ quasi eine Waise, und sie wussten nicht, wie sie mit ihr umgehen sollten«, stellt Iren Dornier bei den vielen, vielen Behördenbesuchen fest.

»For World Tour Only«

Im Oktober 2003 konnte er einen ersten Etappensieg verzeichnen: Die Do-24 erhält vom Airport Transportation Office (ATO) ihr *Certificate of Registration* unter dem Kennzeichen RP-C2430. Das aber reicht nicht für mehr als den einen oder anderen Probeflug. Für die Welttour muss ein richtiges Lufttüchtigkeitszeugnis her.

Iren Dornier zieht alle Strippen, die ihm zur Verfügung stehen. Streitet, argumentiert, macht Druck. UNICEF, die philippinische Präsidentin, die Presse – er führt ins Feld, was immer er für hilfreich hält. Liest den Luftfahrtbeamten ihre eigenen Paragraphen vor. Wie in einem spannenden Krimi fühlt er sich, denn bis zum letzten Moment bleibt das Ende offen. Am 15. Februar 2004 verlangt das ATO einen weiteren Testflug, diesmal mit Wasserlandung. Inzwischen ist die Planung der Welttour weit fortgeschritten, sitzt UNICEF mit im (Flug-)Boot, ist der Start für den 16. April 2004 festgesetzt. Der Countdown läuft – offiziell aber darf die »Latina« noch gar nicht mehr als nur zur Probe fliegen. Iren Dornier lässt nicht locker. Lässt sich durch immer neue Auflagen, immer neue Anforderungen nicht entmutigen. Sondern bringt seinerseits neue Argumente, Zeugen und Testergebnisse.

Am 2. April 2004 endlich wird seine Ausdauer belohnt: mit einem DIN-A4-Blatt, auf dem das Wappen der philippinischen Republik prangt und der Briefkopf des *Department of Transportation and Communication*, Abteilung *Airport Transportation Office.* In großen schwarzen Buchstaben gewährt ihm der Generaldirektor der zivilen Luftfahrtbehörde, Nilo C. Jatico, das *Provisional Certificate of Airworthiness,* mit der Einschränkung »*For World Tour Only*«.

Das Abenteuer *Mission:Dream* kann beginnen.

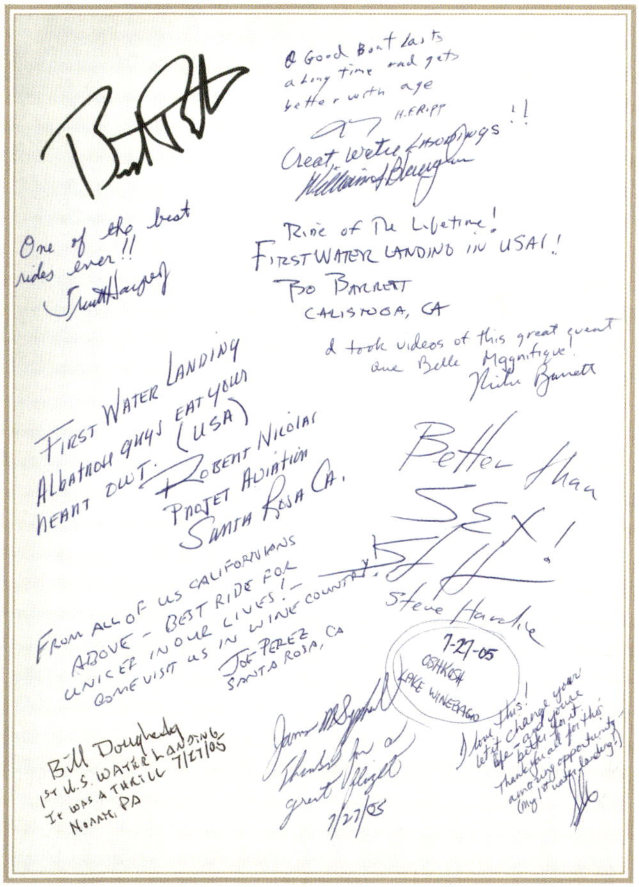

Eine Seite aus dem Gästebuch

Die Welttour

Nach 20 Jahren am Boden gleitet die Königin der Flugboote wieder durch die Lüfte. Iren Dornier hat bewiesen, wie zeitlos die Erfindung seines Großvaters ist und dass er mit der ihm eigenen Hartnäckigkeit ein totgesagtes Flugboot wieder zum Leben erwecken kann. Nun will er seine Schöne der Welt zeigen.

Als Symbol für einen Wirklichkeit gewordenen Traum. Als Inspiration. »*Kayang Kaya*!« – »Wir schaffen es!« Eine Reise im Dienst der Träume: Jeder einzelne Start, jede Landung soll aufs Neue Mut machen, inspirieren und die Energie freisetzen, die Leidenschaften nährt.

So wird der Honeymoon einer großen Liebe zugleich zum Testflug um die Welt.

86 Stopps in 36 Ländern, Nord- und Südatlantiküberquerung, Wasserlandungen auf Flüssen, Seen und Ozeanen, zwei Weltrekorde. Zwischen dem 16. April 2004 und dem 28. Juli 2006 reisen die beiden von Dämmerungsbogen zu Dämmerungsbogen, von Kontinent zu Kontinent. Asien, Europa, Nord- und Südamerika. Eine historische Tour um die Welt, einmalig und zugleich ein Tribut an die Familiengeschichte der Dorniers. Immer wieder kreuzt Enkel Iren auf seiner *Mission:Dream* jene Route, die vor mehr als 70 Jahren die legendäre Do-X seines Großvaters nahm: über den Bodensee bei Friedrichshafen, über Mallorca, Lissabon, mit der Landung auf dem Rhein vor Köln, auf dem Müggelsee in Berlin, an der Copacabana vor Rio de Janeiro und natürlich bei den Höhepunkten beider Welttouren – dem Flug über den Südatlantik von den Kapverdischen Inseln nach Brasilien und der Atlantiküberquerung mit Landung im Hudson River vor der Skyline von Manhattan.

Wo immer das silberglänzende Flugboot in Sichtweite kommt, lächeln die Menschen, strömen zusammen und freuen sich über die zeitlose Schönheit, über den Sieg gegen die Vergänglichkeit.

Logbuch eines Traums

16. April 2004 ➢ Manila – Phnom Penh – Bangkok

Mit den warnenden Stimmen vieler Freunde, Mahner und Berater – »Das schafft ihr nicht!« – im Ohr hoben Iren Dornier und seine vierköpfige Crew in Manila ab. Mit an Bord waren die philippinischen Flugzeugmechaniker Paolo Salalila und Fernando Yco, beide tätig für die SEAIR von Dornier. Paolo Salalila wird, neben Iren Dornier, der einzige sein, der fast die gesamte Welttour mitmacht. In die Do-24 ist er mindestens so verliebt wie Iren Dornier selbst. Außerdem Dorniers Mitarbeiterin Ina Mett als Assistentin und Flugbegleiterin und der Kanadier Christian Kerr als Co-Pilot. Kerr war während der Erprobungsphase der Do-24 bereits eine wichtige Stütze für Iren Dornier und saß beim fünfzehnminütigen Erstflug im Februar als Co-Pilot im Cockpit.

Der achtstündige Flug verläuft ohne Zwischenfälle. 2200 Kilometer durch ruhigen Himmel, ein guter Auftakt für die lange Reise. Wegen der vielen Ersatzteile, die sie vorsichtshalber mitgenommen haben, ist die Do-24 ziemlich überladen. Vorsichtshalber legen sie deshalb in Kambodscha einen Tankstopp ein. Die erste Landung auf der Welttour. Dann geht es gleich weiter nach Bangkok. Dort wäre Iren Dornier gern auf dem King River gelandet, am besten direkt vor dem vornehmen Mandarin Oriental Hotel. Er sieht die Bilder der »Latina« vor diesem wunderschönen Haus im Geist schon vor sich. War doch sein Großvater einst mit dem König von Siam befreundet. Aber auf die Schnelle lässt sich so etwas in Thailand nicht organisieren. Beim nächsten Mal, trösten sie sich und fliegen ohne das begehrte Foto weiter.

»Iren Dornier mit der Do-24 aus der Werft Schleißheim in Manila gestartet«, meldet am nächsten Morgen die *Münchner Abendzeitung*. Und in der Rubrik Vermischtes verkündet die Deutsche Presse Agentur, noch vor der Meldung über die Ehrenbürgerschaft George Clooneys in der Gemeinde Laglio am Comer See, Iren Dornier sei »mit einem Wasserflugzeug seines Großvaters zur Weltumrundung gestartet«.

19. April 2004 ➢ Bangkok – Kalkutta

Auf die Ruhe folgt der Sturm. Auf dem Weg von Bangkok nach Kalkutta umtobt ein heftiges Gewitter die »Latina«, stundenlang und sehr bedrohlich. Als sie den Anblick der rundum wild zuckenden Blitze nicht mehr ertragen, binden sich Ina und die beiden Mechaniker Pullover vor die Augen, während die zwei Männer im Cockpit versuchen, das Flugzeug um die 330 Blitzschläge pro Minute so gut wie möglich herumzulotsen.

»Du schaust nach den Blitzen und navigierst mich drum herum«, fordert Iren Dornier seinen Co-Piloten auf. Die erste Bewährungsprobe der Do-24.

Nach oben, über die Wolken, ausweichen können sie nicht, also müssen sie bei 12000 bis 14000 Fuß mitten durch den Sturm, ohne Autopilot, alles von Hand gesteuert. Mehrmals denken die Piloten: Wir schaffen es nicht, wir müssen runter, aufs Wasser, notlanden. Über Funk kommt wenig Hoffnung: »Es tut uns leid, Ihnen mitzuteilen, dass es sehr, sehr düster aussieht.«

Stunden der Anspannung. Irgendwie schaffen sie es dann doch. Kräftig durchgeschüttelt landen sie spät in der Nacht in Kalkutta. Die »Latina« hat ihre Gewittertaufe überstanden. Erschöpft, aber zufrieden hängen die fünf ihre Hängematten im Bauch des Flugboots auf und übernachten auf dem Rollfeld. Die Mücken lassen sie nicht in Ruhe, es wird eine unruhige Nacht.

20. April ➢ Kalkutta – Karatschi

21. April ➢ Karatschi – Dubai

21. bis 26. April 2004 ➢ Dubai und Oman

In Dubai fliegen Iren Dornier und seine »Latina« ins Rampenlicht: Zum ersten Mal auf ihrer Welttour landen sie auf großer Bühne. Die Stadt der Superlative, am Meer und einer Flussmündung gelegen, scheint wie geschaffen für spektakuläre Wasserungen der eleganten Do. Als Iren Dornier zwischen Wolkenkratzern und Glasfassaden vom Fluss aus startet, im offenen Meer landet, wieder abhebt und dann erneut im Fluss wassert, bricht auf den umliegenden Straßen und Brücken das Chaos aus. Bei der Polizei gehen zahlreiche Notrufe ein. »Flugzeug ins Wasser gestürzt!«, melden pflichtbewusste Bürger, die noch

nie zuvor ein Flugboot haben landen sehen. Die Begeisterung der Zuschauer ist dennoch groß, immer wieder startet Iren Dornier zu Rundflügen mit neuen Gästen und landet mit ihnen im Fluss und auf dem Meer. Wer die Do-24 auf dem Wasser erlebt, versteht die Bezeichnung »Flugboot« sofort. Das ist nicht einfach ein Flugzeug, das im Wasser landen kann, sondern eben auch ein Boot, das schnell, elegant und stabil im Wasser fährt. Ein flugbegeisterter Mäzen zahlt ihm sogar das Benzin für den Weiterflug bis Griechenland. Denn Fliegen mit der »Latina« ist ein erhabenes, aber teures Vergnügen: Eine Stunde in der Luft kostet etwa 2000 Euro für Flugbenzin.

Ein Ölscheich bietet ihm sogar an, die Do-24 gegen einen Gulfstream V Jet zu tauschen. Obwohl er von einem solchen Flugzeug immer geträumt hatte, kommt Iren Dornier nicht eine Minute ins Schwanken. »Das wäre, als würde ich meine Seele verkaufen«, sagt er, und der Scheich versteht.

26. April 2004 ➢ Dubai – Riad (Auftanken) – Kairo

27. April ➢ Kairo – Athen

29. April ➢ Athen – Korfu (Auftanken) – Marina di Pisa (Auftanken) – Friedrichshafen

Kilometer für Kilometer nähert sich die Do-24 ihren historischen Wurzeln. In Marina di Pisa, auf dieser Tour nur ein kurzer Zwischenstopp zum Tanken, hatte Claude Dornier 1922 eine kleine Werft an der Arnomündung gekauft und die Construzioni Meccaniche Aeronautiche S. A. gegründet, um das in den Versailler Verträgen für Deutschland verhängte Flugzeugbauverbot zu umgehen. Dort ließ er die berühmten Wal-Flugboote bauen, als deren moderner Nachkomme Iren Dornier seine Do-24 sieht. Und dann Friedrichshafen – die Heimat, der Geburtsort, an dem alles begann. Für Iren Dornier und für die Do-24. Besser gesagt umgekehrt, denn die Do-24 kam ja 1937, also zuerst auf die Welt. Und für die beiden gemeinsam, denn hier sind sie sich im August 1971 zum ersten Mal begegnet. Hier schwor sich der kleine Junge: »Eines Tages werde ich sie selbst fliegen.« Die historische Wiederholung jenes magischen Augenblicks steht kurz bevor.

Die Heimkehr

29. April bis 8. Mai 2004 ➢ Friedrichshafen

Als Klaus Daser, langjähriger Dornier-Mitarbeiter, Ingenieur, Hobbypilot und väterlicher Freund Iren Dorniers, zum ersten Mal von dessen Plan hörte, mit der Do-24 auf dem Bodensee zu landen, ging er gerade im Wald spazieren. Dasers Handy klingelte, ein Anruf von den Philippinen. Iren Dornier kündigte an: »Ich komme zum Bodensee. Du musst mir die Erlaubnis besorgen, auf dem See zu landen.« Einen knappen Monat hatte Daser, von Iren Dornier zum Chefkoordinator für die Wasserlandungen der Welttour ernannt, Zeit. Und es wurde harte Arbeit.

Den Antrag musste er beim Regierungspräsidium Baden-Württemberg in Tübingen stellen. Es ging um die Bitte um Landeerlaubnis für ein mit Kerosin betanktes

Flugzeug, was eigentlich grundsätzlich verboten ist, dient der Bodensee doch als Trinkwasserspeicher, von dem aus Tag für Tag 70 Millionen Liter Trinkwasser nach Stuttgart fließen. Aber der passionierte Dornianer Daser trug handfeste Argumente vor: die Herkunft der Do, der Flug für UNICEF, die Tradition der Dorniers in der Region. Schließlich führte er sogar an, der Bodensee kenne die Do-24 ja schon, von früheren Landungen. Und nicht nur die Do-24, sondern Dutzende von Dornier-Flugzeugen. Und dass Friedrichshafen, als Heimatstadt der Do und von Iren Dornier, die wichtigste Station der Welttour überhaupt sei.

Daser bekam die Genehmigung. Zum ersten Mal seit 1971 würde wieder ein Flugboot auf dem Bodensee landen. Und zwar dasselbe wie damals, wenn auch gereift und gewandelt.

Das große Ereignis wird für den 1. Mai geplant. Am Boden ist alles für einen feierlichen Empfang vorbereitet. Presse, Politiker und Publikum bevölkern die Hafenmole. Auch zahlreiche Mitglieder der Familie Dornier sind versammelt, unter anderen Irens Vater Silvius, der

älteste Sohn von Claude Dornier. Die Polizei hat auf dem See eine Fläche für die Landung geräumt und für Boote gesperrt. Wie Eisenspäne zum Magneten haben sich rund um die Absperrung Segelboote und Yachten mit Zuschauern ausgerichtet, die die Wasserung aus der ersten Reihe erleben wollen. Für Punkt 10.00 Uhr ist die »Latina« angekündigt.

Alles ist perfekt geplant, nur eine unberechenbare Größe spielt nicht mit: das Wetter. Es ist bewölkt und sehr windig, weshalb Iren Dornier nicht auf dem für ihn vorgesehenen Wasserstreifen landen kann.

Er fliegt anders als geplant an den See heran, muss, um der Willkür der Windböen zu entgehen, quer über Friedrichshafen und dreht »einige waghalsige Tiefflugrunden über der Innenstadt«, wie es später in der lokalen Presse heißt. »Das war natürlich spektakulär, weil wir quasi die Dachziegel mitgenommen haben«, schmunzelt Iren Dornier.

Im steten Kampf mit dem Wind gleitet er an den See heran, tiefer und tiefer. Und als hätte der Himmel nur auf die Heimkehrer gewartet, wandelt er just in dem Moment sein Gesicht, in dem der Bauch der »Latina« ganz dicht an der Uferpromenade ins Wasser eintaucht: Die Sonne blitzt durch und lässt das Flugzeug glänzen. Mit Umkehrschub bringt Iren Dornier die »Latina« nach 150 Metern zum Stehen, gerade rechtzeitig angesichts der vielen Boote um sie herum. Einen halben Kilometer von der Uferpromenade entfernt wird das Flugboot verankert, für bewundernde Blicke freigegeben.

Als Iren Dornier ins Boot der Wasserpolizei umsteigt, die den Ehrengast abholt, sieht er, dass die ganze Stadt auf ihn wartet. Die Begeisterung rührt ihn. »Hier in Friedrichshafen ist die Wasserfliegerei im Grunde genommen entsprungen. Hier hat mein Großvater sein erstes Wasserflugboot überhaupt zu Wasser gelassen, 1914, und daraus ist dann eine riesige Industrie entstanden. Und nun sehen die Leute seinen Enkel mit einer dieser alten Maschinen wieder hier landen – erst in dem Moment ist mir wirklich klar geworden, wie viel mein Traum auch für die Stadt bedeutet.« Eintrag ins Goldene Buch, Pressekonferenz, Interviews. »Friedrichshafen feiert Rückkehr eines verlorenen Sohns«, schreibt am nächsten Tag die *Stuttgarter Zeitung*.

Auch wenn er sich nicht für verloren hielt: Einen weiten Weg hat Iren Dornier zurückgelegt seit jenem Tag, als er als kleiner Junge zum ersten Mal mit der Do-24 auf dem Bodensee landete. Als Mensch, als Geschäftsmann, als Pilot. Mit der Landung der »Latina« in Friedrichshafen, mit der Rückkehr an den Ort, wo alles begann, startet nun die eigentliche *Mission:Dream*. Alles andere war Vorspiel, jetzt geht es wirklich los.

Zwei Sommer lang gehören Iren und die Do-24 den Flugfans in Deutschland. Vor der Nordatlantiküberquerung und der Tour quer durch die USA und dann noch einmal nach dem großen Sprung über den Südatlantik. Von See zu See, von Fluss zu Fluss ziehen sie, stets von großem Publikum empfangen. Flugshows, Rundflüge, spektakuläre Wasserlandungen – die »Latina«, noch vor kurzem von vielen als fluguntauglich abgestempelt, wird zum Star am deutschen Himmel. Wie bereits vor 70 Jahren auch die Meisterleistung von Claude Dornier – die Do-X.

Auf den Spuren der Do-X

8. Mai 2004 ➢ Hamburg

Zwar darf die Do-24 hier nicht direkt auf den Spuren der Do-X landen. Die wasserte im August 1932 noch auf der Außenalster mitten in der Stadt. Damals gab es an dem See im Herzen von Hamburg noch die Alsterlust, eine Badeanstalt mit Kaffeegarten und Uferplattform, wo die Do-X zehn Tage lang ankerte. Fast hunderttausend Menschen haben das seinerzeit größte Passagierflugzeug der Welt in der Hansestadt besichtigt. Hunderte von Paddel, Ruder- und Segelbooten umrundeten das weit gereiste Wunderwerk der Technik, das erst vier Monate zuvor von der großen Nordatlantiküberquerung zurückgekehrt war.

Eine Strecke, die die Do-24 noch vor sich hat. Im Herbst, nach der Deutschland-Tour, soll es so weit sein.

Jetzt landet sie erst einmal auf der Elbe im Hamburger Hafen und zieht dort ebenfalls großes Publikum an.

Ein himmlisches Geschenk zum Geburtstag des Hamburger Hafens, der traditionell mit einem mehrtägigen Volksfest gefeiert wird.

9. Mai ➢ Wasserlandung in Bremen

9. bis 16. Mai ➢ Internationale Luftfahrtausstellung (ILA) Berlin, Flughafen Schönefeld

Von Schönefeld ist es für die »Latina« nur ein kleiner Hüpfer zum Müggelsee, einer weiteren wichtigen historischen Station der Welttour. Auf dem idyllischen Berliner Ausflugssee feierte die Do-X einen ihrer größten Triumphe, als sie hier am 24. Mai 1932 um 18.27 Uhr landete – die erste Wasserlandung in Deutschland nach der Rückkehr aus New York. 8200 Kilometer in 54,4 Stunden Flugzeit mit einer durchschnittlichen Geschwindigkeit von 151 km/h – für die Aviatik der damaligen Zeit eine Sensation.

Für ein paar Tage verdrängte die Freude über das berühmte Flugboot sogar die Weltwirtschaftskrise von den Aufmacherseiten der Tageszeitungen. Zwei Wochen lang lag die Do-X auf dem Müggelsee, bewundert von fast hunderttausend Berlinern, die dafür 43 029,05 Reichsmark Eintrittsgeld zahlten. Ein kurzer Blick ins Innere der Do-X kostete 50 Pfennig, in der damaligen Rezension viel Geld.
Natürlich wollte Iren Dornier hier mit seiner »Latina« ebenfalls landen – schon als Ehrerweisung an den Großvater. Wenigstens für einen kurzen Abstecher. Am Abend des 14. Mai hebt er um 18.15 Uhr am Flughafen Schönefeld ab und fliegt die kurze Strecke zum Müggelsee. Aus zunächst grauem Himmel gleitet er heran und landet zwischen blinkenden Feuerwehrbooten auf dem See. Mit an Bord reist neben dem Dornier-Enkel die Nachfahrin einer nicht weniger bekannten deutschen Flugzeugdynastie: Charlotte Junkers, die Urenkelin des Ju-52-Vaters Hugo Junkers. Zweieinhalb Stunden und viele Fotos später geht es, jetzt bei schönster Abendsonne, wieder zurück nach Schönefeld. Ein paar Tiefflugrunden über den See zum Entzücken der begeisterten Zuschauer, dann fliegen sie zurück zu einem Wochenende im Static Display mit dem Flugprogramm der Luftfahrtschau.

Die Homebase

17. Mai 2004 ➢ Oberpfaffenhofen

Das ehemalige Werksgelände von Dornier in Oberpfaffenhofen bei München wird auf der Deutschlandtour zu einer Art Homebase für die »Latina«. Hierher kommt sie für Wartungsarbeiten, zum Winterlager und immer wieder für kürzere Auszeiten zwischen zwei Abschnitten der Tour. Heute ist außerdem der 100-Stunden-Check fällig, die nach jeweils 100 Flugstunden vorgeschriebene Generalinspektion des Flugzeugs.

19. Mai ➢ Stuttgart (Auftanken)

Von der Besucherterrasse des Stuttgarter Flughafens können Zuschauer Landung und Betanken der Do-24 ATT beobachten.

19. bis 21. Mai ➢ Auf Einladung der Flugshow in Biscarrosse unternimmt die Do-24-Crew einen Abstecher nach Frankreich, in die Gascogne.

21. Mai ➢ Friedrichshafen

22. Mai ➢ Starnberger See bei München

Für einen Wasserstart benötigt die Do-24 zirka 800 Meter freie Bahn, für eine Landung etwas weniger. Dazu kommt immer noch ein Sicherheitsabstand, falls Start oder Landung abgebrochen werden müssen. Am Starnberger See ist für die Ankunft des außergewöhnlichen Besuchs alles vorbereitet. Vor dem Strandbad Undosa an der Seepromenade von Starnberg grenzen Bojen eine Landebahn von 1500 mal 300 Metern ab, zusätzlich schützen fünf Wachboote auf beiden Seiten die Sicherheitszone vor allzu Schaulustigen. Freie Bahn für die »Latina«. Nach einer vorbildlichen Landung nimmt die MS Hofkirchen das Flugboot ins Schlepptau und bringt es ans Ufer. Die Do-24 ist seit 70 Jahren das erste Wasserflugzeug, das auf dem Starnberger See landet. Und vor 70 Jahren war es – natürlich – die Do-X.

23. bis 25. Mai ➢ Oberpfaffenhofen

25. bis 26. Mai ➢ Wien

26. Mai bis 2. Juli ➢ München

Dornier in Italien

2. bis 4. Juli 2004 ➢ Comer See

Der traditionsreiche Aero Club Como am Comer See bietet den einzigen Wasserflugplatz Italiens. Ein Ort wie geschaffen für eine Wasserung der Do-24 – eine echte Starkulisse. Italien spielte und spielt für das Haus Dornier eine wichtige Rolle: Dorthin wich Claude Dornier 1921 aus, als er in Deutschland keine Flugzeuge bauen durfte. Die italienische Regierung kaufte Ende der 1920er-Jahre sechs Wal-Flugboote und später auch zwei der legendären Do-X. Und für die italienische Modeindustrie produziert heute die Dornier GmbH in Lindau Webmaschinen und Textilausrüstungsmaschinen. »Vom Wasserflugzeug zur Webmaschine« heißt es in einem Firmenprospekt über die Geschichte dieses Unternehmenszweigs.

4. Juli bis 28. August ➢ Oberpfaffenhofen

Probleme mit dem Fahrwerk

28. August 2004 ➢ Landung auf dem Ammersee

Gegen Mittag soll die »Latina« ihren silbernen Bauch in den Ammersee tauchen. Sie erscheint auch pünktlich am Himmel – doch zur Enttäuschung der versammelten Zuschauer gleitet die Schönheit ohne Wasserung vorüber. Bei einem Testflug um die Welt geht eben nicht immer alles glatt. Über Lautsprecher werden die Wartenden informiert: Wegen eines kleinen technischen Problems müsse das Flugboot noch einmal nach Oberpfaffenhofen zurückkehren.

Nach dem Start ließ sich das Fahrwerk nicht einfahren; eine der wenigen Macken der restaurierten Do-24 ATT, mit der Iren Dornier auf dem Flug um die Welt noch häufiger hadern wird. Später wird er schließlich in den Testberichten von 1983 entdecken, dass es schon damals

Ärger damit gab, und in den original Bauplänen solange Ursachenforschung betreiben, bis er den Fehler findet und beheben kann.

Jetzt aber, am bayerischen Himmel, bleibt ihm nur eine Wahl: Mit ausgefahrenem Fahrwerk kann die »Latina« nicht auf dem Wasser landen – sie würde sich sofort überschlagen. Also grüßt Iren Dornier den Ammersee zunächst nur von oben und kehrt nach Oberpfaffenhofen zurück. Dort landet er auf festem Grund, repariert das Fahrwerk und kehrt aus Richtung Herrsching zum See zurück.

Mit einer aufregenden Flugshow lässt er das Publikum die kleine Verzögerung im Nu vergessen: Im Tiefflug gleiten Iren Dornier und die »Latina« über den See, kurz vor dem Ufer bei Dießen zieht er das Flugboot schnittig wieder hoch, fliegt eine Schleife und rauscht noch einmal entschlossen über den See. Dann endlich die ersehnte Wasserlandung. Kaum stehen die Triebwerke still, umringen Dutzende von Booten mit Fans die »Latina«. Der Schlepper, der sie ans Ufer bringen soll, kommt kaum zu ihr durch. Abends geht es, nach mehreren Rundflügen mit Gästen an Bord über den See und das nahegelegene Kloster Andechs, zurück nach Oberpfaffenhofen.

Außer den fünf Crewmitgliedern kann die Do-24 seit ihrem Umbau zehn Passagiere beherbergen. Im alten Seerettungsflugzeug gab es einst nur Bänke, für 45 Personen. Platz ging damals vor Komfort.

Die schönsten Plätze liegen heute gleich hinter dem Cockpit und ganz hinten im Flugzug, im »Love Dome«, wie Iren Dornier den umgebauten Geschützstand im Heck der »Latina« nennt – wohl weil es kaum einen romantischeren Platz für einen Flug zu zweit gibt. Wo einst bei Seenotrettungen ein Schütze mit einem Maschinengewehr gegen mögliche Feindangriffe positioniert war, bietet heute ein weicher Ledersessel, breit genug für zwei, unter einer Glaskuppel den perfekten Ausblick. Auf kürzeren Strecken, wie von Oberpfaffenhofen zum Ammersee, fliegt die Do-24 eher tief, auf etwa 4000 Fuß – ideal, um bei schönem Wetter Dörfer, Straßen, Berge, Wiesen, Häuser aus der Vogelschau zu betrachten. Wie eine gigantische Modelleisenbahnlandschaft sieht die Welt durch die Fenster der »Latina« aus.

Wer im »Love Dome« sitzt, hat den Kopf über dem Flugzeug und damit freie Sicht nach vorn wie sonst nur der Pilot. Ein Flugerlebnis der besonderen Art, vor allem bei einem Wasserstart.

Wenn Iren Dornier die Triebwerke anwirft und die Pratt & Whitney-Motoren die »Latina« allmählich in Fahrt bringen, wenn das Flugboot schneller und schneller über den Wasserspiegel gleitet und schließlich »auf Stufe kommt«, also jenen entscheidenden Moment der Beschleunigung erreicht, ab dem es sich aus dem Wasser hebt und vom Boot zum Flugzeug wird, offenbart sich im gläsernen Ausguck die vollkommene Schönheit der Wasserfliegerei. Aus dem Gleiten übers Wasser in die scheinbare Schwerelosigkeit. Glitzernd bleibt der See zurück, das Ufer, eben noch Begrenzung, wird zu einer bloßen Linie am Boden, einer von vielen, über die die Do-24 mühelos hinwegschwebt, einem Zugvogel gleich auf dem Weg zum nächsten Quartier.

Vorbereitungen für die Nordatlantiküberquerung

28. August bis 8. September 2004 ➢ Oberpfaffenhofen

Als der Sommer sich neigt, bereiten sich Iren Dornier und sein Team auf die nächste große Etappe der Welttour vor – die Nordatlantiküberquerung. Die Strecke nach Amerika ist er schon häufig selbst im Cockpit geflogen, in seiner Zeit als Ferry Pilot mit den unterschiedlichsten Flugzeugtypen. Aber noch nie mit einem Flugboot seines Großvaters, noch nie mit der »Latina«. Für die Familie und für Flugboote aus dem Haus Dornier aber ist die Route historisch: Im Jahr 1930 gelang als erstem dem preußischen Piloten Wolfgang von Gronau mit einem Wal-Flugboot der nördliche Luftweg über den Atlantik von Ost nach West. Von Gronau brach gegen das ausdrückliche Verbot des deutschen Luftfahrtministeriums auf, schaffte die Strecke in 44 Flugstunden, auf der Route Sylt–Island–Grönland–Labrador–New York und wurde in den USA von Präsident Herbert Hoover im Weißen Haus empfangen.

8. September ➢ Oberpfaffenhofen – Jersey (Großbritannien)

10. September ➢ Jersey – Biggin Hill, bei London

Als geladene Gäste einer Flugshow fliegen sie nach Biggin Hill in der Nähe von London. Cheforganisator Klaus Daser begleitet Iren Dornier als Co-Pilot.

Biggin Hill – das Nightmare

10. September bis 13. Oktober 2004 ➢ Biggin Hill

Bevor die Atlantiküberquerung beginnen kann, muss Iren Dornier noch eine Schulung für einige Mitarbeiter seiner Fluglinie abhalten. Er lässt die »Latina« in England zurück, allerdings mit einem mulmigen Gefühl im Bauch, weil ihm ihre Parkposition auf dem Flugplatz von Biggin Hill nicht gefällt. »Warum stellt ihr sie so herum, gegen den Wind, das macht doch gar keinen Sinn?«, hatte er vor seiner Abreise noch gefragt. Und die Auskunft erhalten: »Keine Sorge, der Wind wird drehen, das passt schon.«

Ein paar Wochen später, er sitzt gerade im Schulungsraum mit seinen Mitarbeitern, klingelt sein Telefon. Die »Latina« sei beschädigt.

Ihm ist, als führe ihm ein Messer in den Bauch. Tausend Fragen blitzen durch den Kopf: Wie schlimm ist der Schaden? Was genau ist kaputt? Wie lange wird es dauern, sie wieder herzurichten? Was wird aus dem Terminplan für die Atlantiküberquerung?

Er macht sich sofort auf den Weg nach England. Allein, da die anderen Crewmitglieder für die Einreise ein Visum benötigen. So lange aber kann, will er nicht warten. Er muss seine Liebste sehen, sofort.
Als er in den Bauch des Flugboots steigt, stockt ihm das Blut: Überall Scherben, Splitter, als sei das Herz der »Latina« in tausend Einzelteile zersprungen. Der Wind hat sie arg gebeutelt und schließlich die linke Lenksäule zerschlagen.

Was tun? Ersatzteile für die »Latina« kann man nicht einfach irgendwo bestellen. So gut wie alles an ihr ist einzigartig, die Originalteile des Ursprungsmodells sowieso. Woher also auf die Schnelle eine solche aus Aluminiumguss gefertigte Glocke wie die Lenksäule nehmen? Alle Versuche, eine gebrauchte zu finden und auszuleihen, schlagen fehl. Bleibt nur eines: selber bauen. Nach den alten Plänen seines Großvaters fertigt Iren Dornier eine Produktionsskizze, nach der das zerbrochene Teil aus 2024T3 Aluminium aus einem Block gefräst rekonstruiert wurde. Nach einer Woche ist es fertig. Eine weitere Woche verbringt Iren Dornier damit, die neue Lenksäule einzubauen; eine Aufgabe, für die er eigentlich die Hilfe mindestens eines Technikers, wenn nicht eines ganzen Teams benötigt hätte. Die Zeit aber drängt. Paolo, der philippinische Techniker, hat immer noch kein Visum für England, also ist Iren Dornier völlig auf sich gestellt. Mit Spiegeln und Taschenlampen hantiert er stundenlang, während eisiger britischer Wind über den Flugplatz fegt. Er muss die Splitter der alten Lenksäule entfernen und die neue montieren, ohne jede Hilfe festhalten, schrauben und sehen zugleich. Manchmal braucht er vier Stunden für eine einzige Schraube.

Jeden Morgen läuft er eine Dreiviertelstunde zum Flugplatz und abends die gleiche Strecke zurück zu seiner schlichten Pension, weil es kein Auto, keinen Bus, kein Taxi gibt. Als solle seine Entschlossenheit vor der nächsten großen Etappe der Welttour noch einmal gründlich getestet werden, kommt noch ein Unfall hinzu: Auf dem regennassen und vom Öl schmierigen Flugzeug rutscht Iren Dornier aus, stürzt ab und bricht sich eine

Rippe. Eine schmerzhafte Angelegenheit. Jedoch nicht schmerzhaft genug, ihn aufzuhalten oder zum Verschieben seiner Pläne zu bewegen. Er macht weiter, als sei nichts geschehen. Holt seine Crew, die endlich ihre Transitvisa erhalten hat, in London ab. Josef Bustamente, Pilot bei Dorniers SEAIR, die Techniker Paolo und Ferdinand und die Flugbegleiterin Ina. Die Reise über den großen Teich kann beginnen.

13. Oktober ➢ Biggin Hill – Shannon Inseln (Irland)

Auf nach Amerika.

Spannung über dem Nordatlantik

14. Oktober 2004 ➢ Shannon Inseln – Reykjavik, Island

Wieder einmal Probleme mit dem Fahrwerk. Diesmal sind es die Klappen des Schachts, in dem die Räder ruhen: Festgefroren. Nichts rührt sich, als Iren Dornier die Klappen beim abendlichen Anflug auf Reykjavik öffnen und das Fahrwerk zur Landung ausfahren will. Schuld ist vermutlich der wochenlange britische Regen. Er überlegt kurz, ob er in einem Fjord wassern soll. Doch was dann? Nichts ist vorbereitet für eine Wasserlandung, keine Boje liegt bereit, um die »Latina« zu vertäuen, kein Boot, die Mannschaft abzuholen und an Land zu bringen. »Statt dessen haben wir angefangen, das Flugzeug zu schütteln.«

Wie schüttelt man ein Flugzeug?

»Hin- und herbewegen, mit den Flügeln wackeln, man versucht irgendwie, das Flugzeug ins Stampfen zu bringen.« Bei 30 Metern Flügelspannweite gar nicht so einfach. Eine scheinbar endlose halbe Stunde vergeht, dann hören die Piloten endlich das ersehnte Geräusch der sich öffnenden Klappen. Aufatmend kann die Crew bei der Landung nun das wunderschöne Abendlicht genießen, einen Sonnenuntergang in fast unnatürlichen Farben, und danach das musikreiche Nachtleben von Reykjavik.

Von Island aus informierte damals Wolfgang von Gronau seine Vorgesetzen im Luftfahrtministerium in Berlin über seinen geplanten Transatlantikflug mit dem Dornier Wal: »Fliegen, Ihre Zustimmung vorausgesetzt, über Island nach New York!«

15. Oktober 2004 ➢ Reykjavik – Nasarsuaq (Grönland)

Auf 12 000 Fuß hält Iren Dornier Kurs über dem Nordatlantik auf Grönland. Kalt ist es in der »Latina«, die Kabine hat weder Heizung noch gibt es einen Druckausgleich wie bei modernen Linienflugzeugen. Ist es draußen kalt, frieren auch die Passagiere. Pro tausend Fuß Höhenunterschied fällt die Außentemperatur um zwei Grad. Frostfüße und klamme Hände überm Polarkreis. »Wir haben gefroren ohne Ende, denn man sitzt ja stundenlang ziemlich still, wie angekettet«, schüttelt sich Iren Dornier noch heute. »Selten habe ich mich über eine heiße Suppe so gefreut wie dort oben, wenn mir jemand von hinten eine Tasse aus der Mikrowelle ins Cockpit reichte.« Er fühlt sich an die Polarexpeditionen von Roald Amundsen (1872–1928) erinnert, der 1925 versuchte, mit einem Dornier Wal den Nordpol zu erreichen. Rund 250 Kilometer vor dem Ziel scheiterte das Unterfangen. Drei Wochen steckte die Besatzung im Eis fest, bevor sie gerettet werden konnte. Der Robustheit des Wal verdanke er sein Leben, pries Amundsen damals nach seiner Heimkehr das Dornier-Flugboot. Mit demselben Wal-Flugboot flog sieben Jahre später Wolfgang von Gronau als erster über den Nordatlantik.

Unter ihnen liegt eine fast geschlossene Wolkendecke der Anflug auf Grönland über hohes Gebirge wird zur Herausforderung. Denn der Co-Pilot hat beim Aufbruch in England leider die *Approach Plates* vergessen, die detaillierten Anflugkarten für die Region. Also manövrieren sie zwischen den Bergen hindurch, ohne Karten, ohne klare Sicht. Immerhin, ein GPS haben sie dabei.

Sie haben Glück. Jetzt öffnet sich die nahtlos dichte Wolkenschicht und gibt Blick und Weg nach unten frei. Sie tauchen durch das kleine Loch mitten in ein phantastisches Lichtermeer. Oben die Abendsonne, deren Strahlen die Wolkendecke durchdringen, unten Eisberge, Fjorde, das Meer und – endlich – der Flughafen.

Ein ruhiger Ort, mehr als drei, vier Flugzeuge am Tag landen dort nicht. In einem verlassenen Hotel im Stil der Fünzigerjahre kommen sie für die Nacht unter. Wie das Wetter unterwegs gewesen sei, fragt am nächsten Morgen einer der Männer vom Bodenpersonal am Flughafen. »Glück gehabt, es ging gerade noch so«, meint Iren Dornier. Ja, die Gegend sei tückisch, antwortet der Mann. Erst eine Woche zuvor sei einer tödlich verunglückt, bei schlechter Sicht mit seiner kleinen Maschine gegen einen Berg geknallt. »Den haben wir erst vor ein paar Tagen rausgeholt.«

16. Oktober ➢ Nasarsuaq – Goose Bay (Kanada)

1 000 Meilen über den Atlantik. Wasser, Wasser, Wasser, stundenlang. Anschließend eine Nacht in einem Hotel am Rand der Welt.

17. Oktober ➢ Goose Bay – Rivière du Loup (Kanada)

18. Oktober ➢ Rivière du Loup – Rochester (New York)

18. Oktober bis 21. Januar 2005 ➢ Rochester, New York (Winterlager)

In Rochester ist Nikos Gitsis, mit dem zusammen Iren Dornier 1994 auf den Philippinen die SEAIR gegründet hatte, zuhause. Wie Iren hat er mehrere Jahre als Ferry-Pilot gearbeitet und so Erfahrung mit den verschiedensten Flugzeugtypen unter zum Teil extremen Bedingungen gesammelt. Auf der Welttour fliegt er des Öfteren als Co-Pilot mit.

2005
20 Länder mit 42 Landungen

21. Januar bis 21. Juli ➢ Jamestown, New York

Erholungspause für die Do-24. Iren Dornier muss für einige Monate zurück auf die Philippinen. Im Sommer 2005 beginnt dann der zweite Teil der *Mission:Dream*. Neu mit dabei in der Crew: Sheilla Cabiao von den Philippinen als Flugbegleiterin und Koordinatorin für Events.

Sheillas erste und wichtigste Aufgabe, als sie im Sommer 2005 zur Welttour-Crew stößt, lautet: Vorbereitung der Wasserlandung in New York City. In enger Zusammenarbeit mit dem Chefkoordinator Klaus Daser korrespondiert sie über Monate hinweg mit den amerikanischen Behörden.

Die geben sich anfangs zugeknöpft. Eine Landung auf dem Hudson River, unmittelbar vor der Skyline von Manhattan? Tom Bock, General Manager der Hafenbehörde von New York und New Jersey, macht ihnen wenig Hoffnung: »Dies ist der falsche Ort für euch. Warum habt ihr euch, von allen Städten in der Welt, ausgerechnet New York City ausgesucht – die komplizierteste Stadt der Welt?«

Weil die Landung in New York für Iren Dornier zu den absoluten Höhepunkten der Welttour zählt. Ein Traum im Traum. Er muss dort landen. So oft hat er als Kind die Bilder der Do-X vor der Freiheitsstatue, vor den Hochhäusern von Manhattan gesehen. Ein wichtiger Triumph im Leben seines Großvaters.

Die historischen Aufnahmen nutzt auch Klaus Daser als Argument. Eine Behörde nach der anderen klappert er ab, zeigt die Fotos von der Do-X, erzählt vom Weltflug, von der Geschichte des Hauses Dornier. Sheilla nimmt sich ab Anfang Juli für zwei Monate ein Zimmer in New York, um vor Ort die Genehmigung voranzutreiben.

Keine leichte Aufgabe, Tom Bock hat Recht. Seit den Anschlägen vom 11. September 2001 gilt ein solches Vorhaben als Frage der nationalen Sicherheit. Homeland Security, die Küstenwache, die Hafenaufsicht von New York und von New Jersey, das New York Police Department, die amerikanische Flugaufsicht, das Außenministerium, die CIA – sie alle müssen erst grünes Licht geben, bevor Iren Dornier mit der »Latina« auf dem Hudson River landen darf.

21. bis 23. Juli ➢ Muskegon Airport am Michigan-See

23. / 24. Juli ➢ Green Bay, Wisconsin

24. Juli ➢ Green Bay – Oshkosh, Wisconsin

Iren Dornier, Klaus Daser, Paolo und Sheilla brechen mit der Do-24 auf nach Oshkosh, wo sich Jahr für Jahr Flugbegeisterte zur größten Flugshow der Welt versammeln. Als sie über endlose Weizenfelder gleiten, hören sie auf der Frequenz des Chicago Radar amüsiert eine Unterhaltung zwischen einem Piloten und dem Tower in Chicago mit. »Chicago Radar, Chicago Radar, I see a flying boat. Request: Can we fly by?«

Große Heiterkeit an Bord der »Latina«. Ein fliegendes Boot – damit sind wohl sie gemeint. Und tatsächlich: Als sie aus dem Fenster blicken, sehen sie eine Cessna an ihnen vorbeifliegen, deren Passagiere sich an den Fenstern die Nasen platt drücken und eifrig fotografieren. Den passenden Kommentar liefert der Funkverkehr: »This is unbelievable, it looks like a boat with wings on top.«

Es folgt die Antwort vom Tower. Erleichtert hört der Pilot der Cessna, dass er nicht halluziniert: »Yes, you are right, this is a flying boat. It is the Do-24 from Germany.«

Prominente Besucher

24. Juli bis 1. August 2005 ➢ Oshkosh, Wisconsin

Auf der Flugshow erhält das fliegende Boot aus Deutschland einen privilegierten Platz: es darf im Aeroshell Center gleich neben dem SpaceShipOne von Burt Rutan stehen, einem Experimentalflugzeug mit Raketenantrieb für private bemannte Raumflüge bis etwa 100 Kilometer Höhe.

Das SpaceShipOne, ganz ohne öffentliche Mittel von Burt Rutan entwickelt, absolvierte am 21. Juni 2004

den ersten privaten Flug ins All. Das Nachfolgemodell, SpaceShipTwo, soll ab 2008 kommerzielle Flüge ins All unternehmen, zum Preis von rund 100 000 US-Dollar pro Passagier.

Zum prominenten Platz kommen prominente Passagiere. Burt Rutan rückt mit seinen Astronauten an, die enthusiastisch die Do-24 steuern und insgesamt vier Mal auf dem Lake Winnebago starten und landen. Abwechselnd setzen sie sich unter die Glaskuppel und staunen: »This is almost as great as out of space!«

Auch Richard Branson, britischer Milliardär, Gründer von Virgin Records und Virgin Airlines und seit Juli 2005 Partner von Burt Rutan in der SpaceShip Company, ist begeistert von der »Latina«. Beim Rundflug sitzt er neben Iren Dornier im Cockpit, die beiden verstehen sich auf Anhieb. Männer, die *out of the box* denken, jenseits der klassischen Schubladen und Denkmuster. Zusammen mit Burt Rutan posieren sie zu dritt auf dem Cockpit der »Latina« fürs Erinnerungsfoto.

Und dann kommt auch noch Hollywood an Bord – in Gestalt von Harrison Ford. Der Schauspieler, begeisterter Hobbypilot, besitzt selbst einige Flugzeuge. Die Do-24 fasziniert ihn auf Anhieb. »You really got a cool airplane! I love this!« Er bringt seine Frau Calista Flockhart, die als Ally McBeal berühmt geworden ist, mit an Bord, dann starten sie zum Rundflug. Auch Harrison Ford darf die »Latina« im Wasser starten und landen und bedankt sich mit einem Eintrag ins Gästebuch. Dort hat sich am Tag zuvor ein anderer Gast mit euphorischen Worten verewigt: »A once in a lifetime experience and definitely better than sex.«

1. August 2005 ➢ Oshkosh – Jamestown

Die Flugshow war ein großer Erfolg. Viele Rundflüge mit zahlenden Gästen haben Spenden in die UNICEF-Kasse gebracht, gute Stimmung im Team. Nun müssen Sheilla und Klaus Daser eiligst zurück nach New York, um die letzten Vorbereitungen für den großen Tag am Hudson River zu treffen. Iren Dornier muss unterdessen kurz zurück auf die Philippinen.

Tanz um das Haupt der Freiheitsstatue

1. bis 23. August ➢ Jamestown

Am 17. August 2005 erhält Sheilla eine E-Mail vom Büro der amerikanischen Küstenwache. Absender: Commander Brian Willis. Er schickt Vorschläge für die genaue Lande- und Startposition der Do-24 auf dem Hudson River. Es könnte also klappen! Sheilla und der Kommandeur tauschen mehrere E-Mails aus, telefonieren, jedes Detail muss besprochen und genehmigt werden. Selbst der Einsatz eines Mikrophons im Battery Park für die nach der Landung geplante Zeremonie braucht die Erlaubnis der New Yorker Polizei. Die Zeit wird knapp und Sheilla nervös: nur noch zehn Tage! Denn die Do-24 soll punktgenau am Jahrestag der legendären Do-X-Landung auf dem Hudson River wassern, also am 27. August.

23. August ➢ Rochester

Die Do-24 kommt zum Maintenance Check nach Rochester. Und Sheilla bekommt wieder eine E-Mail, diesmal von Ernie Morton, dem Chef der Wasserwege-Aufsicht von New York. Er beschreibt die genaue Start- und Landezone und erläutert die Vorschriften der Küstenwache. Mit anderen Worten: Er erteilt die ersehnte Erlaubnis zur Landung auf dem Hudson River. Endlich! Vier Tage vor dem Ereignis kann Sheilla beginnen, offizielle Einladungen zu verschicken.

24. August ➢ Rochester – Teterboro, New Jersey – New York City

In drei Tagen ist es soweit. Letzte Vorbereitungen für den historischen Moment.

24. – 27. August 2005 ➢ New York

Auf den Tag genau vor 76 Jahren, am 27. August 1931, schwebte die Do-X auf dem Hudson River ein. 22 Tage zuvor war sie in Rio de Janeiro gestartet und über mehrere Stationen in Brasilien, Trinidad, Antigua, Puerto Rico, Kuba, Miami, Charleston und Norfolk nach New York geflogen. Um 11.10 Uhr Ortszeit umrundete das riesige Flugboot die Freiheitsstatue, folgte dann dem Hudson flussaufwärts und flog in einem großen Bogen über die Skyline von Manhattan zum Hafen von New York, wo es schließlich vor dem Battery Park im Wasser landete. Crew und Passagiere wurden damals von einer Abordnung des New Yorker Bürgermeisters begrüßt. Eine Woche später empfing sogar der amerikanischen Präsident Herbert C. Hoover die Besatzung der Do-X im Weißen Haus.

In Erinnerung an jenen herausragenden Tag in der Dornier-Chronik ist zur Landung der Do-24 die Familie in seltener Vollständigkeit angereist. Vater Silvius Dornier, zwei von Irens Brüdern, eine Schwester, sein Sohn, sein Cousin, seine Tante – sie alle sind nach New York gekommen, um den großen Moment mitzuerleben, wenn die »Latina« auf den Spuren der Do-X um die Freiheitsstatue kreist, die Hochhäuser von Manhattan grüßt und der Hudson erneut zur Landebahn für ein Dornier-Flugboot wird. Für Iren Dornier war dies »einer der wichtigsten Momente der ganzen Weltreise«. Immerzu habe er im Kopf gehabt: »Ich muss wahnsinnig aufpassen, dass das Flugzeug heil in New York ankommt, dass bloß nichts kaputt geht vor diesem großen Augenblick.«

Er hat es geschafft, hat seine Schöne heil über den Atlantik gebracht, nun ist sie bereit für den Auftritt auf der besonderen Bühne.

Die New-York-Show beginnt um 10.15 Uhr mit einer tänzerischen Runde um das Haupt der Freiheitsstatue. Fast sieht es später auf dem Foto aus, als zwinkere die steinerne Dame mit der Flamme der Freiheit in der erhobenen Rechten der silbernen, fliegenden Lady zu.

Dann steuert Iren Dornier mit der »Latina« auf Manhattan zu. Ihr silberner Leib funkelt mit den Glasfassaden der Wolkenkratzer um die Wette. Bilder, die sich ins Gedächtnis brennen, ikonisch, erhaben, wunderschön.

Die »Latina« in New York! Allein für diesen Augenblick hat sich die ganze Mühe, haben sich die jahrelange Vorbereitung, die vielen Arbeitsstunden, die bangen Momente des Zweifelns gelohnt.

Bis hierher also ist alles glatt gelaufen. Dann aber zeigt sich New York von seiner launischen Seite. Nach der Pressekonferenz mit UNICEF sind zwei Rundflüge mit einigen der Sponsoren geplant. Die wollen unbedingt ebenfalls im Hudson starten und landen. Inzwischen hat sich aber das Wetter verändert; starker Wind – wegen der

vielen Hochhäuser ohnehin ein Problem – ist aufgekommen, und auch die Strömung auf dem Fluss gibt Iren Dornier zu bedenken. Er schlägt vor, nur einen Touchdown auf dem Hudson zu machen, jedoch außerhalb zu starten und zu landen. Die Gäste wollen davon nichts wissen. Sie bestehen auf dem ursprünglichen Plan. Dorniers Anwalt fürchtet eine Vertragsstrafe. Also wirft Iren Dornier die Motoren an.

Sie entgehen nur knapp der Katastrophe. Fallwinde und Strömung haben die »Latina« fest im Griff, bringen sie ab vom Kurs, das Flugzeug bäumt sich auf. Iren Dornier entscheidet sich für einen Startabbruch, für einen Moment fürchtet er, dass das Flugzeug aus 20 Metern Höhe zurückfallen und aufs Wasser schlagen könnte, beinahe wartet er schon auf den großen Knall. Die »Latina« sinkt tatsächlich mit dem Heck nach unten weg – doch wie durch ein Wunder kommt von hinten eine große Welle und fängt sie auf. »Dadurch hatten wir ein buttersanftes Auffangmanöver«, erzählt Iren Dornier, »das Flugzeug fiel, aber es fiel irgendwie rückwärts mit dem Schwanz auf diese Welle. Ich kann es immer noch nicht glauben, wie es zu dieser mysteriösen weichen Landung gekommen ist.«

Die Gäste, heftig durchgeschüttelt und auch ziemlich bleich im Gesicht, entschuldigen sich beim Piloten für ihre Sturheit.

Flugshows und Bewunderung

27. August 2005 ➢ New York City – Teterboro Airport

29. August ➢ Connecticut Lake

29. August ➢ Teterboro Airport

30. August bis 12. September ➢ Rochester

12./13. September ➢ Rochester – Missouri – Amarillo (Texas) – Lake Havasu (Arizona) – Santa Barbara (Kalifornien)

Einmal quer über die USA von Ost nach West. Schlechtes Wetter schüttelt die Crew, besonders arg erwischt es Sheilla. Sieben Mal muss sie sich übergeben.

13. September bis 10. Oktober ➢ Santa Barbara

10. bis 13. Oktober ➢ Port of Los Angeles, San Pedro

Im Yachthafen von Los Angeles geben Iren Dornier und seine Crew eine Pressekonferenz, unterstützt von der philippinischen Generalkonsulin Hellen Barber und weiteren prominenten Persönlichkeiten der philippinischen Gemeinde von Los Angeles.

Am 10. Oktober bekommt die Crew der »Latina« Verstärkung: James Eagles, von allen Jimmy genannt, kommt als Co-Pilot an Bord. Jimmy, in Los Angeles geboren, hat als Jugendlicher zehn Jahre in Deutschland gelebt. Dort arbeitete sein Vater am Deutschen Zentrum für Luft- und Raumfahrt in Oberpfaffenhofen, am gleichen Flugplatz, an dem auch die Firma Dornier lag. Aus jener Zeit und von seinen Jahren im Segelfliegerclub von Oberpfaffenhofen kennt Jimmy viele Dornianer und begegnete über verschiedene Ecken auch Iren Dornier. Als der ihn fragte, ob er Lust habe, als Co-Pilot den Rest der Welttour mitzumachen, zögerte Jimmy keine Sekunde. »So eine Gelegenheit kommt nur einmal im Leben, die darf man nicht verpassen.« Der passionierte Flieger und Fluglehrer stellte alles andere in seinem Leben auf Pause und schloss sich dem Team der *Mission:Dream* an. Für die Do-24 war er von Anfang an voller Bewunderung: »Die hat viel mitgemacht, hat viel Geschichte auf dem Buckel. Da mit zu fliegen, ein Teil der Geschichte dieses Flugzeugs zu sein, ist eine große Ehre.« Für die Crew ist der junge, aber erfahrene Pilot ein großer Gewinn. Kaum aus der Ruhe zu bringen, fast immer gut gelaunt, fleißig und der »Latina« aus vollem Herzen zugetan.

13. Oktober ➢ San Pedro – Hawthrone Airport – San Diego Bay

Die »Latina« droht zu versinken

13. bis 17. Oktober 2005 ➢ San Diego Bay

Nach der Wasserlandung wird das Flugboot in der Bucht von San Diego verankert. Die Crew fährt ins Hotel, nur der Techniker Paolo bleibt an Bord. Er will im Flugzeug schlafen, für alle Fälle. Paolo lässt die »Latina« nur ungern allein.

Um fünf Uhr in der Früh klingelt Sheillas Telefon. Die Verbindung ist schlecht, sie erkennt aber Paolos Stimme. »*Emergency, emergency*!« keucht er aufgeregt, viel mehr ist nicht zu verstehen. Er ruft offenbar mit dem Satellitentelefon vom Flugzeug aus an. Sheilla ahnt die Gefahr, weckt telefonisch sofort Iren Dornier. »Chef, ich glaube, das Flugzeug sinkt!« Alle eilen zum Hafen. Schon vom Ufer aus sieht Iren Dornier die Schieflage. Ein Flügel der »Latina« hängt im Wasser, vielleicht hat sehr starker Wind sie zunächst nur zum Kippen gebracht. Durch die Schieflage läuft aber immer mehr Benzin in den Flü-

gel, die Seite im Wasser wird schwerer und schwerer, das Flugzeug neigt sich weiter – bis es schließlich kippen und sinken wird. Die »Latina« liegt bereits so schräg, dass der im Flugzeug schlafende Paolo vom Sessel gerutscht und dadurch zum Glück aufgewacht ist.

Iren Dornier schnappt sich das nächste verfügbare Boot und rudert hinaus zur »Latina«. Er muss sie retten, auf keinen Fall darf sie untergehen. Seine »Latina«! Aus der Ferne hört er die Lautsprecher der Küstenwache, die einer aus der Crew eigentlich zur Hilfe gerufen hat. Doch zunächst sind die Wasserpolizisten alles andere als hilfreich. »*Abandon the ship, abandon the ship*!«, fordern sie Iren Dornier auf, der inzwischen die »Latina« erreicht hat und mit Paolo versucht, sie wieder ins Lot zu bringen. Szenen wie aus einem Action-Film. »Auf keinen Fall! Ich bin der Kapitän. Ich werde mein Schiff nicht verlassen. *I will not abandon the ship*«, widersetzt sich der Pilot dem offiziellen Befehl.

Das Benzin läuft und läuft, das Flugboot neigt sich bedenklich weiter. Paolo, noch in den Boxershorts, in denen er geschlafen hat, und Iren Dornier stehen auf dem anderen Flügel, um als Gegengewicht zu wirken. Doch sie sind nicht schwer genug. Es wird allmählich hell, über ihnen kreist ein Hubschrauber mit einem Fernsehteam von CNN. Ein Wasserflugzeug sei ins Meer gestürzt, lauten die ersten Nachrichten. Während die »Latina« immer weiter zur Seite kippt, liefert sich Iren Dornier mit der Küstenwache ein Wortgefecht. »Ihr habt eine Pumpe, wir brauchen eine Pumpe. Wir werden das Flugzeug nicht verlassen, bevor wir die Lage unter Kontrolle haben. Wenn ihr uns nicht helft, werden wir mit dem Flugzeug versinken.«

Beharrlich versucht Iren Dornier, das Notstromaggregat zu starten, um die bordeigene Pumpe anzuwerfen. Nach mehreren Versuchen gelingt es ihm. Schließlich sieht auch die Küstenwache ein, dass sie ihn nicht dazu bewegen kann, sein Flugzeug dem Meer zu überlassen. Endlich eilen sie zur Hilfe, mit einer Pumpe, die das überschüssige Benzin aus dem Flügel herauspumpt. Inzwischen ist das Wasser bereits ins Innere des Flugzeugs gelaufen, hat das zweite Kompartiment und darin einen Teil der Avionik überflutet. Beim Testflug am nächsten Nachmittag stellt Iren Dornier fest, dass die *Fuel Flowing Indicators* nicht mehr funktionieren und das Salzwasser den Transmitter zerstört hat. Ansonsten sind sie gerade noch einmal glimpflich davon gekommen. Hätte Paolo nicht an Bord geschlafen, hätte die »Latina« wohl in der Bucht von San Diego ihre letzte Ruhestätte gefunden. Fox, CNN, NBC und ABC berichten alle über die beinahe versunkene Do-24, Iren Dornier wird interviewt. Immerhin: viel Publicity, wenn auch anders als gewünscht.

17. Oktober 2005 ➢ Montgomery Airport

18. bis 20. Oktober ➢ Truckee Airport, Lake Tahoe

Die Do-24 ist das erste Wasserflugzeug überhaupt, das auf dem malerischen Lake Tahoe landet. Während ihrer Zeit in Tahoe sind Iren Dornier und seine Crew zu Gast bei Steve Hardy, einem pensionierten Investment-Experten, der in Oshkosh in der »Latina« mitgeflogen ist und so begeistert war, dass er gleich das ganze Team in seine Villa am See eingeladen hat.

20. Oktober 2005 ➢ Soar Minden Airport, Nevada

Am Fuß der spektakulären Sierra Nevada erlebt die »Latina«-Crew eine schöne Überraschung: Als sie den kleinen Flugplatz zum Tanken anfliegen, hat der »anonyme Samariter« (Sheilla) Steve Hardy bereits ihre Benzinrechnung bezahlt.

21. Oktober ➢ Sonoma Country Airport, Santa Rosa – Clearlake – Petaluma

22. bis 24. Oktober ➢ Lake Berryesa – Clearlake

24. Oktober bis 10. November ➢ Santa Barbara

Aufregung vor der Airshow

10. bis 15. November ➢ Aviation Nation Airshow, Nellis Airforce Base, Las Vegas

Jimmy ist bereits nach Las Vegas vorgeflogen, um vor Ort die Teilnahme an der Flugshow vorzubereiten. Die Nellis Airforce Base ist einer der größten Luftwaffenstützpunkte für Kampfjets weltweit. Von hier aus startet die US-Airforce ihre Testflüge über die Wüste von Nevada. 75 Prozent aller scharfen Munition, die von der amerikanischen Luftwaffe zu Trainingszwecken abgeworfen werden, gehen über dem Nevada Test and Training Range in der Umgebung der Nellis Airforce Base nieder. Jahr für Jahr findet auf dem Stützpunkt die Aviation Nation Airshow statt, zu der dieses Jahr auch die Do-24 für die Ausstellung im Static Display eingeladen ist.

Auf dem Flug nach Las Vegas sitzt Enrico Hohner neben Iren Dornier im Cockpit, sein Partner bei der Dornier Technology, ein langjähriger Freund auch von Jimmy. Die beiden kennen sich ebenfalls aus der Segelflugschule Oberpfaffenhofen. Nun darf Enrico zum ersten Mal selbst die Do-24, die er noch als Ausstellungsstück vom Dornier-Werksgelände kennt, fliegen. Bis Las Vegas läuft alles ohne Zwischenfall. Enrico macht sich zur Landung bereit. Er fährt das Fahrwerk aus und wartet auf das Geräusch des Einrastens. »Dang, dang« müsste es jetzt machen – aber so angestrengt er auch lauscht, es macht nur einmal »dang«. So kann er nicht landen. Er dreht eine Runde über dem Flugplatz, fährt das Fahrgestell wieder ein und nochmal aus. Wieder hört er nicht das erlösende Geräusch.

Plötzlich taucht hinter ihm eine F-16-Staffel auf. Keine Abfangjäger, sondern eine Kunstfliegerstaffel. Die Thunderbirds der US-Airforce auf dem Weg zum Training für die Flugshow.

Der Himmel über Las Vegas ist plötzlich ziemlich voll. Enrico bricht die Landung ab, startet durch und dreht eine weitere Runde, während die F-16-Jets sich zum Kunstflug formieren. Jimmy beobachtet das Ganze vom Boden aus. Vom Tower kommt die nervöse Anfrage: »Wollen Sie jetzt landen oder nicht?« »Wollen schon, aber wir können nicht, das Fahrwerk ist nicht eingerastet.« »Ja, aber hier müssen sie jetzt verschwinden.« Enrico erhält die Anweisung, über die Wüste auszuweichen und dort so lange zu kreisen, bis er das Fahrwerkproblem gelöst hat. Irgendwann rastet das Gestell endlich ein, »dang, dang« – »ein gutes Geräusch, ein wichtiges Geräusch!«, sagt Enrico. »In Las Vegas hat es eben nur einmal ›dang‹ gemacht – und das lag leider nicht daran, dass die Fighter Jets zu laut gewesen wären.«

15. November ➢ Midland, Texas

Auf in den Süden

16. November 2005 ➢ Houston, Texas

Der NASA-Astronaut Kenneth Cockrell, ein Freund von Jimmy, besucht die Do-24 und ihre Crew. Vor dem Aufbruch in den Süden schickt Iren Dornier das entbehrliche Material zurück auf die Philippinen. Er bereitet alles auf die Südatlantiküberquerung vor, bei der jedes Kilo Fluggewicht zählt, weil allein das erforderliche Flugbenzin das zulässige Höchstgewicht überschreiten wird.

17. November ➢ Brownsville, Texas – Mérida, Mexiko

Auf Wiedersehen, Nordamerika! Die Reise in die südliche Hemisphäre beginnt. Am Ende der Tour durch und über Südamerika steht die nächste historische Etappe auf den Spuren der Do-X an: die Überquerung des Südatlantiks, von Brasilien zu den Kapverdischen Inseln.

18. November ➢ El Salvador

Eigentlich will Iren Dornier von Mexiko nach Kuba fliegen, muss aber in letzter Minute wegen schlechten Wetters die Route ändern. Der Zoll nimmt es mit der Untersuchung der Do-24 sehr genau: Selbst die Müllsäcke werden durchsucht.

19. November ➢ San Juan, Costa Rica

In einem bescheidenen Hotel übernachtet die ganze Crew in einem einzigen Zimmer.

20. bis 23. November ➢ Panama City, Panama

Eine kurze Auszeit. Die Crew macht, was sie auf dieser Tour um die Welt sonst nur selten schafft: Sightseeing. Stadttour, Fahrt durch den Panamakanal und eine Trekking-Tour durch den Regenwald. Sie sehen Schildkröten und Krokodile. Der amerikanische Fotograf David Rose stößt zur Crew hinzu. Beim Abflug winkt die »Latina« zum Abschied mit den Flügeln. Goodbye Panama!

23. bis 24. November ➢ Ecuador

Ein unvergesslicher Nachtflug durch einen Himmel voller Sterne. Über ihnen, unter ihnen, neben ihnen, überall glitzert und funkelt es. Iren Dornier ist so hingerissen, dass er die schlafende Shiella weckt. »Wach auf, wach auf, du weißt nicht, was du versäumst!« Sie öffnet die Augen und sieht Myriaden von Sternen, die so nah wirken, als könne man sie mit einer einzigen zarten Handbewegung vom Himmel pflücken.

Am Flughafen dann ein wenig himmlischer Empfang: Sheilla und Paolo dürfen nicht einreisen, weil ihnen das nötige Visum fehlt. Sie müssen die Nacht am Flughafen verbringen, während der Rest der Crew ins Hotel fährt.

24. November 2005 ➢ Talara, Peru

25. bis 28. November ➢ Lima, Peru

Iren Dornier beschert seiner Crew ein vorzeitiges Weihnachtsgeschenk: Einen Flug für alle nach Cuzco, um die verwunschene Inkastadt Machu Picchu zu besuchen. Zur Begrüßung in Cuzco gibt es eine Tasse Tee mit Blättern vom Kokastrauch, gegen die Höhenkrankheit. Dann wird geklettert. Zum Beweis, dass sie den Wainupicchu erklommen haben, erhalten sie einen Stempel in ihre Pässe.

29. November ➢ Lima – Cerro Moreno und La Florida, Chile

Sheilla und Paolo verabschieden sich vorübergehend von der Welttour und fliegen in die USA zurück, um für Iren Dornier den Überführungsflug einer Do-328 auf die Philippinen vorzubereiten. Jimmy, der Fotograf David Rose und Iren Dornier fliegen allein weiter. Hoch geht es hinauf, um die Anden zu überqueren, auf 19000, 20000 Fuß. Nun kommen auch die Sauerstoffflaschen zum Einsatz, die sie stets dabei haben, da die Kabine der »Latina« nicht über den bei Linienflugzeugen üblichen Druckausgleich verfügt. Ab 12000 Fuß etwa wird die Luft für den menschlichen Organismus zu dünn, er kann hier nicht länger ohne zusätzlichen Sauerstoff auskommen.

Im Sichtflug gemäß den *Visual Flight Rules* (VFR) überqueren sie das Gebirge. Ein großer Spaß für den erfahrenen Segelflieger Jimmy, die Thermik in den Tälern auszunutzen, aber zugleich auch ein abenteuerliches Unterfangen, denn die Karten sind alles andere als genau. »Es gibt Stellen, die fehlen einfach«, erinnert sich Jimmy, »da steht dann bei manchen Bergen nur, ›vermutlich nicht höher als 24000 Fuß‹. Die Thermik beschleunigt sie kräftig, bis zu 70,80 Knoten Rückenwind messen sie.

30. November ➢ Mendoza, Argentinien

1. Dezember ➢ Buenos Aires

2. Dezember bis 17. Februar ➢ La Plata, Argentinien

Auch Iren Dornier fliegt nun zurück in die USA, um sich der Überführung der Do-328 für seine SEAIR anzunehmen. Jimmy Eagles bleibt bei der »Latina« zurück. Als der Rest der Crew zurückkommt, spricht er, der bereits Deutsch, Englisch, Französisch, Chinesisch und Taiwanesisch beherrscht, auch noch Spanisch. Und kann gleich weiter üben, denn aus Madrid kommen Jesus de la Torre und seine Frau Maria an, enge Freunde von Iren Dornier, die bis Brasilien mitfliegen wollen.

2006

18. Februar ➢ Wasserfälle von Iguazú, Argentinien

Bei einem Tiefflug dringt Iren Dornier versehentlich in ein Vogelschutzgebiet ein und wird von den Behörden verwarnt.

19. Februar ➢ Uruguay Lake

20. bis 21. Februar ➢ Sao Paolo, Brasilien

21. bis 22. Februar ➢ São José, Brasilien

An der Copacabana

22. Februar bis 12. März ➢ Rio de Janeiro

In Rio kommt die Do-24 wieder ins Museum, natürlich nur vorübergehend: Sie darf, einem guten Freund von Iren Dornier sei dank, im brasilianischen Museo Aerospacial parken. Aber niemand kommt mehr auf die Idee, die weitgereiste Schönheit für ein flugunfähiges Exponat zu halten.

Für die Landung an der Copacabana und den Flug um den Zuckerhut organisiert Iren Dornier ein Ultraleicht-Fotoflugzeug, das neben ihnen herfliegen und Aufnahmen von der »Latina« vor dieser ihrem Kosenamen so angemessenen Kulisse machen soll. Kein leichtes Unterfangen, so ein Formationsflug bei niedriger Geschwindigkeit, die Manövrierfähigkeit der »Latina« wird dadurch stark eingeschränkt.

Auf Sichtflug gleiten sie langsam am berühmtesten Strand der Welt entlang, links die Hochhäuser der Strandpromenade, rechts das Fotoflugzeug, das die Do-24 vor Rio verewigen soll. Plötzlich tauchen wie aus dem Nichts direkt vor ihnen zwei Rettungshubschrauber auf, die einen Ertrinkenden aus dem Wasser ziehen wollen.
Was tun? Oben drüber kommen sie so schnell nicht, dazu fliegen sie zu langsam, das Flugzeug könnte stallen. Nach rechts ausweichen geht nicht wegen des Begleitflugzeugs, nach links nicht wegen der Hochhäuser. Bleibt nur der Weg nach unten.

»Ich habe die Augen von dem Rettungsschwimmer gesehen«, erinnert sich Jimmy, »die sind soooo groß geworden, als er zwischen seine Beine geguckt hat und plötzlich unser Flugzeug unter sich sah. Das war eine Aktion! Der Hubschrauber war vielleicht 15 Meter hoch, und wir flogen noch darunter. Das war echt knapp.« In einem solchen Moment bewährt sich das eingespielte

Team im Cockpit. Niemand redet wild durcheinander oder wird hektisch, jeder weiß genau, was zu tun ist. Sie fliegen nur noch ein paar Fuß über dem Wasser, bis sie die Hubschrauber hinter sich lassen, dann zieht Iren Dornier die »Latina« wieder hoch. Mal wieder Glück gehabt.

Die zusätzlichen Ferrytanks

5. März 2006 ➢ Wasserlandung in der Guanabara Bay, Rundflug um den Zuckerhut

In den nächsten Tagen liegt harte Arbeit vor ihnen. Sie müssen die »Latina« für den Südatlantikflug rüsten. Zu viert – Jimmy, David, Paolo und Iren – arbeiten sie bis spät in die Nacht am Einbau der Ferrytanks, jener zusätzlichen Tanks, die sie für den langen Flug über den Südatlantik brauchen. Von der brasilianischen Insel Fernando de Noronha bis zu den Kapverdischen Inseln sind es 1570 nautische Meilen oder rund 3000 Kilometer, das heißt bei der durchschnittlichen Reisegeschwindigkeit der Do-24 von 340 Stundenkilometern – bei dem enormen Gewicht und je nach Wind womöglich auch deutlich langsamer –, werden sie mindestens neun Stunden über Wasser fliegen. Im kommerziellen Flugverkehr werden solch lange Strecke über Wasser meist vermieden und Routen bevorzugt über Land gewählt. Damit, wenn etwas schiefgeht, der nächste Flughafen nicht so weit weg ist. Doch liegt, besonders auf einer Tour um die Welt, natürlich auch ein besonderer Reiz in der Überquerung eines Ozeans.

Iren Dornier hat die Maße der Tanks und deren Einbau ins Flugzeug im Detail berechnet. Jeder Millimeter zählt, trotz der Last durch das zusätzliche Benzin darf sich der Schwerpunkt der Do-24 nicht verlagern. Die Zusatztanks bestehen aus zwei aus Aluminium geschweißten Behältern, dazu kommen noch acht Fässer mit je 200 Litern, die nach einem ausgeklügelten System über die hinteren Kompartimente des Flugzeugs verteilt und am Boden fest verzurrt werden.

Es ist nicht einfach, alle nötigen Materialien in Rio und Umgebung aufzutreiben, aber diese Konstruktion bereits in den USA anzufertigen wäre zu kostspielig gewesen. Außerdem hätten sie dann ganz Südamerika mit den zusätzlichen Tanks im Flugzeug überqueren müssen. Bei einem einheimischen Bootsbauer lässt Iren Dornier die beiden Aluminiumtanks schweißen, alles natürlich strengstens gemäß einem zuvor erstellten luftfahrttechnischen Gutachten.

Nun müssen sie noch in die »Latina« eingebaut – oder eher gezaubert werden, denn der Umfang ist auf fünf Millimeter genau berechnet. Werden sie durch die Flugzeugtür passen? Mit viel Geduld und Schweiß schaffen sie es schließlich, die Tanks sind im Bauch der »Latina« versenkt. Ein- und Ausstieg werden dadurch ziemlich unbequem, ein enges Gerangel zwischen Aluminium, Plastikfässern und Schläuchen hindurch.

Die Tanks sind durch Schläuche und Ventile miteinander verbunden, damit sie nach Bedarf einzeln zugeschaltet werden können. Um den Benzingeruch zu minimieren, installieren Iren Dornier und seine Helfer außerdem eine zusätzliche Belüftung im Flugzeug.

Trotzdem riechen sie ständig wie frisch von der Tankstelle. Benzin überall. Und dann greift Jimmy auch noch, schwitzend und durstig von der harten Arbeit, gierig nach einer großen Coca-Cola-Flasche, im Glauben, sie sei mit Wasser gefüllt. Weil überall Benzingeruch in der Luft hängt, merkt er erst gar nicht, was er da tatsächlich trinkt: Jet-A1-Treibstoff. Er nimmt mehrere große Schlucke, bis er plötzlich einen Schrei ausstößt, zu Boden sinkt und versucht, alles sofort wieder auszuspucken. Alle lachen, selbst Jimmy nimmt seinen Irrtum mit Humor, auch wenn ihm davon speiübel wird.

Kurz vor dem Abflug zieht Iren Dornier sich für einen Moment der Ruhe in Rio an den Strand zurück. Er beobachtet ein kleines Mädchen, das gedankenverloren in der Abendsonne sitzt und Sand durch seine kleinen Hände rieseln lässt. Das bringt ihn auf eine Idee: Ein Glas voll Sand soll in der »Latina« mit über den Atlantik reisen. Er spricht das Mädchen an, sie füllt ihm ein Glas mit Sand. Und er verspricht zum Abschied: »Jedes Sandkorn ist ein Traum. Ich werde damit über den weiten Atlantik fliegen, so dass auch für andere Kinder Träume wahr werden können.« Bis heute hat er den Sand aufbewahrt – und durch die Spenden, die er auf der Welttour für UNICEF sammelt, werden tatsächlich Kinderträume wahr.

12. März ➢ Santo Dumont, Brasilien

12. bis 13. März ➢ Salvador

13. bis 14. März ➢ Natal

Letzte Vorbereitungen für die Südatlantiküberquerung

14. bis 15. März 2006 ➢ Fernando de Noronha, Brasilien

Letzte Vorbereitung für die Südatlantiküberquerung. Auf der Insel wird die »Latina« sofort betankt, damit Iren Dornier prüfen kann, ob die Räder dem enormen Gewicht standhalten. Denn mit dem zusätzlichen Sprit wird die Do-24 beim Abflug 20 Tonnen wiegen, ihr Leergewicht von 10 070 Kilogramm also fast verdoppeln.

Die Do-X flog die Strecke im Mai 1931 in umgekehrter Richtung, von den Kapverdischen Inseln nach Fernando de Noronha. Bevor die eigentliche Querung des Südatlantiks beginnen konnte, hatte die Besatzung jedoch mit allerhand Schwierigkeiten zu kämpfen. So saßen sie fast einen Monat im westafrikanischen Guinea-Bissau fest, weil das tropische Klima die Do-X nicht aus dem Wasser kommen ließ. Extrem hohe Luftfeuchtigkeit in Kombina-

tion mit großer Hitze verminderte die Tragfähigkeit der Luft, das Flugboot kam nicht auf Stufe und damit nicht aus dem Wasser, jedenfalls nicht mit dem für den Überflug nötigen Gesamtgewicht von rund 50 Tonnen. Mit fünf Tonnen weniger gelang schließlich der Start für den Flug zumindest nach Porto Praia auf den Kapverdischen Inseln, von wo aus dann die Atlantiküberquerung beginnen sollte.

Um Gewicht zu sparen, mussten vier Besatzungsmitglieder in Porto Praia zurückbleiben. Nach einem trotzdem immer noch schwierigen Start kam sogar das Gerücht auf, die Do-X sei ins Meer gestürzt; eine Meldung, die sogar bis in die deutschen Zeitungen gelangte. Tatsächlich aber landete die Do-X in der Nacht vom 4. auf den 5. Juni 1931 nach 13 Stunden 15 Minuten vor Fernando de Noronha, wo sie, wie nun die »Latina«, aufgetankt wird.

Point of No Return

15. März 2006 ➢ Südatlantiküberquerung

Der Flug von Fernando de Noronha nach Porto Praia ist die längste zusammenhängende Strecke auf der Welttour überhaupt. »Ein berechnetes Risiko«, würde Iren Dornier sagen, schon gefährlich, aber kalkulierbar.

Und so sitzt Jimmy immer wieder mit dem Taschenrechner da, legt ihn auch während der ersten Flugstunden nicht aus der Hand und berechnet noch mal und noch mal den Spritverbrauch, gibt voraussichtliche Windstärke, Entfernung, Geschwindigkeit und andere

Parameter ein, um sicherzugehen, dass sie sich nicht geirrt haben.

Hat jemand wie Iren Dornier Angst vor einem solchen Flug? »Natürlich hat man im Hinterstübchen, dass es auch schiefgehen kann. Es ist ein Risiko, wir wissen vorher nicht, ob wir ankommen, wir können auch im Ozean zerschellen. Diese meterhohen Wellen kurz vor Fernando de Noronha – die »Latina« wäre darin wie eine Ameise gewesen, obwohl sie ja wirklich nicht klein ist. Da kommt einem schon in den Sinn, was passiert, wenn etwas schiefgeht. Wenn der Sprit nicht reicht oder das Flugzeug unterwegs einen Schaden hat. Man ist vielleicht noch eine Weile lebendig, aber dann kommst die nächste Welle – und bumm. Ich habe mir das schon oft im Detail vorgestellt und bin mir der Gefahr auch jedes Mal bewusst.« Für den riskanten Flug hält er das Team deshalb so klein wie möglich – nicht nur um Gewicht zu sparen. Sheilla und seine Freunde aus Spanien bleiben in Rio de Janeiro zurück.

Das Quartett für den Südatlantik-Flug: Iren Dornier, Jimmy Eagles, Paolo Salalila und der Fotograf David Rose, der zudem eine Privat-Pilot-Lizenz hat. In den Augen Iren Dorniers »ein richtiges Cowboy-Team, eine super Kombination«.

Sie wollen möglichst früh starten, schon um fünf Uhr in der Luft sein, bevor die große Hitze kommt, um nicht das Schicksal der Do-X zu erleiden, die in den Tropen nicht »auf Stufe« kam. »Wir haben ja nicht gewusst, ob die »Latina« mit diesem Gewicht überhaupt fliegt.«

Als der Moment des Aufbruchs kommt, verabschieden sich die vier vorsorglich voneinander – falls der Start nicht gelingt. Denn mit den Unmengen Sprit an Bord – 16 680 Pfund – könnten sie nicht einfach wieder landen, ein Startabbruch hätte womöglich verheerende Folgen. Sie liegen etwa vier Tonnen über der eigentlich maximalen Startmasse von Land aus, im »absoluten Grenzbereich«.

Am Boden beschleunigt das Flugzeug trotzdem noch ganz ordentlich. Mit 90 Knoten heben sie ab und steigen langsam, sehr langsam höher. Jetzt ein Triebwerkausfall, das wäre das Ende. Iren Dornier befiehlt allen, ruhig auf ihrem Platz zu sitzen, keiner darf durch die Kabine laufen, um ein möglichst gleichmäßiges Flugprofil zu garantieren. Er fährt das Fahrgestell ein – trotzdem werden sie langsamer, die Geschwindigkeit fällt auf 85 Knoten zurück. Ihm kommt es vor, »als hingen wir in der Luft«. Sie brauchen eine Stunde, bis sie eine Flughöhe von 10 000 Fuß erreichen und eine weitere für 14 000 Fuß. Paolo schaltet die Benzinpumpen ein, aber es dauert länger als erwartet, den Treibstoff aus den Tanks hochzupumpen. Vermutlich hat die Pumpe irgendwo Luft angesaugt und arbeitet deshalb nicht mit voller Kraft. Mit viel Tüftelei löst Jimmy schließlich das Problem. Doch die Geschwindigkeit, mit der sie fliegen, behagt Iren Dornier überhaupt nicht. Sie sind zu langsam. Weit hinter der anvisierten Geschwindigkeit, die sie brauchen, um mit dem Sprit ans Ziel zu kommen.

Das Schwierigste an einer solchen Strecke ist, den *Point of No Return* zu finden, also jenen Moment, in dem die Entscheidung fallen muss: Fliegen wir weiter, oder kehren wir um? Wann ist absehbar, dass die Streck nicht zu schaffen ist? Und wann reichen Zeit und Sprit noch, um sicher umzukehren?

Dieser Moment ist nicht fest definiert, denn er hängt von vielen Faktoren ab. Es kann sogar sein, dass bei einer starken Veränderung der Windverhältnisse sich der *Point of No Return* deutlich verschiebt, es also vielleicht plötzlich gefährlicher wäre, umzukehren als weiterzufliegen. Stundenlang fliegen sie durch schlechtes Wetter, ohne jeden Funkkontakt zur Außenwelt, ganz auf sich gestellt. Um sie herum das Schweigen unendlicher Räume. Auf dieser Route sind heute weder Schiffe noch andere Flugzeuge unterwegs. Einst flogen hier, im Dienst der Lufthansa und deren Luftpostverbindung von Europa nach Südamerika, Dornier-Wale, die unterwegs auf dem Flugsicherungsschiff Westphal aufgetankt wurden. Doch heute liegt unten kein Schiff, wo sie auftanken könnten. Als sie etwa die Hälfte der Strecke hinter sich, aber mehr als die Hälfte des Sprits verbraucht haben, beschließt Captain Iren Dornier spontan, mit seiner Crew abzustimmen: Umkehren oder weiterfliegen? »Das Risiko ist 50 zu 50, egal was wir tun«, sagt er.

Mit Handschlag besiegelt beschließen sie einstimmig, weiterzufliegen. Und dann dreht, am Äquator, der Wind. Endlich. Darauf hatten sie gehofft. Sie werden schneller und haben nach sieben Stunden zum ersten Mal das gute Gefühl, wir schaffen es.

Nach zehn Stunden und fünf Minuten landen sie in Porto Praia. Bei schlechtem Wetter und böigem Wind, unter ihnen schlagen die Wellen meterhoch. Doch jetzt, vom Boden aus, sieht das Meer längst nicht mehr so bedrohlich aus. Sie haben es geschafft.

Erleichtert fallen sie sich in die Arme. »Ein Gefühl, wie in eine frischgewaschene Jeans zu schlüpfen«, konstatiert Iren Dornier ironisch. Der Sprit hätte noch für eine Dreiviertelstunde gereicht, nicht viel auf einer solchen Marathonstrecke. Eine missglückte Landung, und es wäre eng geworden.

Sie laden die leeren Benzinfässer aus, die sofort von Einheimischen in Besitz genommen werden. Als Wassertanks werden sie auf der chronisch trockenen Insel ein langes Leben haben.

Die vier fahren in ein kleines Hotel und feiern ihren Erfolg. Viel Zeit zum Ausruhen bleibt nicht, schon am nächsten Tag soll es weitergehen.

16. März ➢ Praia, Kapverdische Inseln – Kanarische Inseln

Wieder ein langer Flug: sieben Stunden bis zu den Kanarischen Inseln.

17. März ➢ Gran Canaria – Lissabon

Gewitter über Spanien

18. März 2006 ➢ Lissabon – Malaga

Eigentlich will Iren Dornier heute nach Mallorca fliegen, nach Puerto de Pollensa, zu jenem Stützpunkt, an dem seine Do-24 bis 1971 als Rettungsflieger stationiert war. Aber das Wetter spielt nicht mit.

Die Vorhersage lässt schon ahnen, dass es nicht leicht würde. »Aber der Wetterbericht ist ein Thema, und wie es dann tatsächlich aussieht, ein anderes«, weiß Iren Dornier aus Erfahrung. Als sie in Lissabon starten, sieht es noch ganz harmlos aus. Doch je weiter sie nach Südosten kommen, umso heftiger tobt das Gewitter. Für den Piloten eine echte Herausforderung – denn die »Latina« hat ja keinen Autopiloten, alles muss von Hand gesteuert und auf Kurs gehalten werden.

Das Gewitter wird immer heftiger. In einem Moment zeigt das Blitzoskop 1000 Schläge auf einmal an. Ihnen bleibt keine Wahl, als den nächsten Flughafen anzusteuern. Schließlich wollen sie nach der heroischen Südatlantiküberquerung nicht auf dem Flug nach Mallorca abstürzen. Also Malaga. Statt sich durch Unwetter zu quälen, gehen sie in der Küstenstadt gut essen und fliegen am nächsten Tag weiter. Inzwischen sind auch Sheilla und Irens Freunde aus Spanien wieder mit von der Partie.

19. März ➢ Malaga – Palma de Mallorca und Pollensa

19. bis 22. März ➢ Palma de Mallorca

Eigentlich sollte in Pollensa der spanische König persönlich mit der Do-24 fliegen. Doch muss er leider kurzfristig absagen. Trotzdem wird es ein großer Auftritt. Im Formationsflug mit spanischen Militärjets fliegen Iren Dornier und die »Latina« über Pollensa und wassern im Hafen. Großer Staatsempfang, Reden, Erinnerungsfotos mit einer Schulklasse. 27 Jahre lang war die Do-24 hier zu Hause. Wieder schließt sich für das Flugboot ein Kreis.

Wieder über Deutschland

22. bis 24. März 2006 ➢ München

Sie geraten erneut in schlechtes Wetter. Eigentlich wollen sie nach Oberpfaffenhofen, doch wegen des schlechten Wetters wird der Flughafen geschlossen. Also weiter bis nach München. Auf den Tragflächen der »Latina« bildet sich Eis, sie müssen schnell hinunter. »*Request priority landing*«, funkt Iren Dornier an den Tower in Erding, um längeren Warteschleifen zu entgehen. Sie dürfen sofort landen.

24. März ➢ Oberpfaffenhofen

5. bis 7. Mai ➢ Nordholz

7. Mai ➢ Hamburg

Noch einmal kommt die Do-24 zum Hafengeburtstag.

7. bis 15. Mai ➢ Nordholz

15. bis 20. Mai ➢ ILA Airshow Berlin

19. Mai ➢ Die zweite Landung auf dem Müggelsee.

Drama auf dem Rhein

20. und 21. Mai 2006 ➢ Köln

Noch eine große historische Station auf der Welttour: Wie einst vor 74 Jahren die Do-X will Iren Dornier mit seinem Flugboot auf dem Rhein landen. Vorab inspiziert er, wie und wo er wohl am besten wassern kann, denn auch wenn die »Latina« kleiner ist als die Do-X: Ihre Flügel spannen sich über 30 Meter. Damit auf dem vor Köln recht schmalen Rhein zwischen den vielen Brücken ausreichend Platz für Landung und Start zu finden, erfordert einiges Geschick.

Sie beschließen, zwischen der Hohenzollern- und der Zoobrücke zu landen. Vor der Hohenzollernbrücke legte im September 1932 auch die Do-X an, nach einer Runde um den Dom und über die Kölner Innenstadt.

Für die Wasserung der »Latina« ist eigentlich alles genau geplant und besprochen. Ein Boot des Technischen Hilfswerks soll sie nach der Wasserung an die Leine nehmen und an Land schleppen. Zigmal sind sie alles im Detail durchgegangen – und dann läuft doch alles schief.

Der Kapitän des THW-Schiffes fährt die »Latina« falsch an und wird mit dem Bug unter das Flugboot gespült. Sein Schiff gerät ins Kippen, auf der »Latina« geht durch den Kollisionsruck ein Mann über Bord und wird fast unter das Flugzeug gespült, hätte ihn nicht Iren Dornier im letzten Moment am Kragen gepackt und wieder herausgezogen. Und das alles, während die Triebwerke noch auf Vorwärtsschub stehen, denn sonst liefe die »Latina« Gefahr, rückwärts gegen die Brücke zu treiben.

Totales Chaos. Schließlich kippt das Schiff, das sie eigentlich an Land bringen soll, mit abgesoffenem Motor komplett um und wird von der Strömung über den Fluss getrieben.

Eine Viertelstunde lang treiben Iren Dornier und seine »Latina« auf sich selbst gestellt auf dem Rhein, immer noch mit laufenden Triebwerken, um nicht gegen einen Brückenpfeiler zu schlagen. »Das wäre eine Katastrophe gewesen, es hätte alles zerschlagen, alles zerhauen.« Da denkt man, so eine Reise um die Welt ist gefährlich. Aber richtig brenzlig wird es erst dann nah der Heimat, in Köln. Natürlich alles vor Publikum. »Das war eine richtige Show«, sagt Iren Dornier, »wobei wir nichts falsch gemacht haben. Ich konnte ja nicht wissen, dass die auf dem Schiff keine Erfahrung haben, wie man sich in der Strömung bewegt.« Statt an Land zu gehen, dreht er die »Latina« schließlich um, rollt unter der Brücke durch und hebt mit einen Take-off wie aus dem Bilderbuch in Richtung Kölner Dom wieder ab.

21. und 22. Mai 2006 ➢ Berlin

22. Mai ➢ Oberpfaffenhofen

22. bis 24. Mai ➢ Friedrichshafen

24. bis 29. Mai ➢ Biscarrosse, Frankreich

29. bis 31. Mai ➢ Bordeaux

31. Mai bis 14. Juli ➢ Oberpfaffenhofen

14. bis 16. Juli ➢ St. Wolfgang am Wolfgangsee, Österreich

16. Juli ➢ Salzburg

16. bis 20. Juli ➢ Oberpfaffenhofen

20. bis 28. Juli ➢ Seehasenfest, Friedrichshafen

28. Juli ➢ Oberpfaffenhofen

Wieder daheim. Nach einer langen Reise. Statt im Museum zu verstauben, durfte die »Latina« nochmals die Welt und die Welt die »Latina« kennen lernen. Es war sicher nicht ihr letzter Flug. Denn, so Iren Dornier: »Flugzeuge gehören in die Luft, solange sie Flügel haben.«

Die Crew

Mission : Dream

WAS? KEIN FLUGBENZIN?

Was für ein Luxus ein Satellitentelefon zu haben! Das braucht man vor allem, wenn kein Handy funktioniert und man festhängt, weil es ungewiss ist, ob es Flugbenzin gibt und wie es zu bezahlen ist. Doch auch mit Satellitentelefon ist es manchmal nicht einfach, ein Signal zu finden und durchzukommen.

ENDLICH GEHT´S WEITER!

Holding short 27R

Iren: »Christian, why do we have to wait so long?

Why don't they let us go?«

Christian: »Think there is inbound traffic.«

Tower: »Rpc 2403 cleared for take off – maintain runway heading

via SID 27 Squak 1944.« Das Flugzeug rollt.

Iren: »All parameters ok, airspeed alife, VI rotate positive, climb gear

up, flaps up, after check list completed, steigen auf 8000 Fuß.«

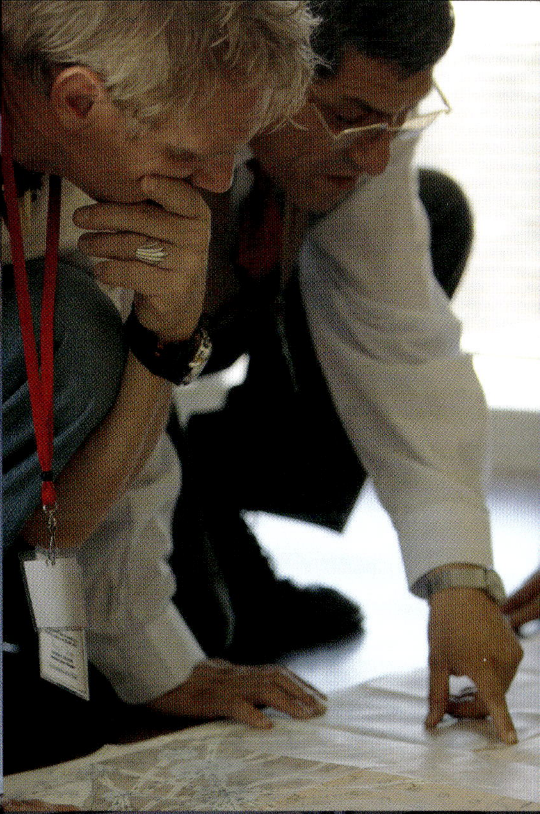

22 000 Fuß – die Luft wird dünner, und uns kribbeln die Hände.

Da kommt der US-Bomber B-25 direkt auf uns zu. Ein Sound, da fällst du um!

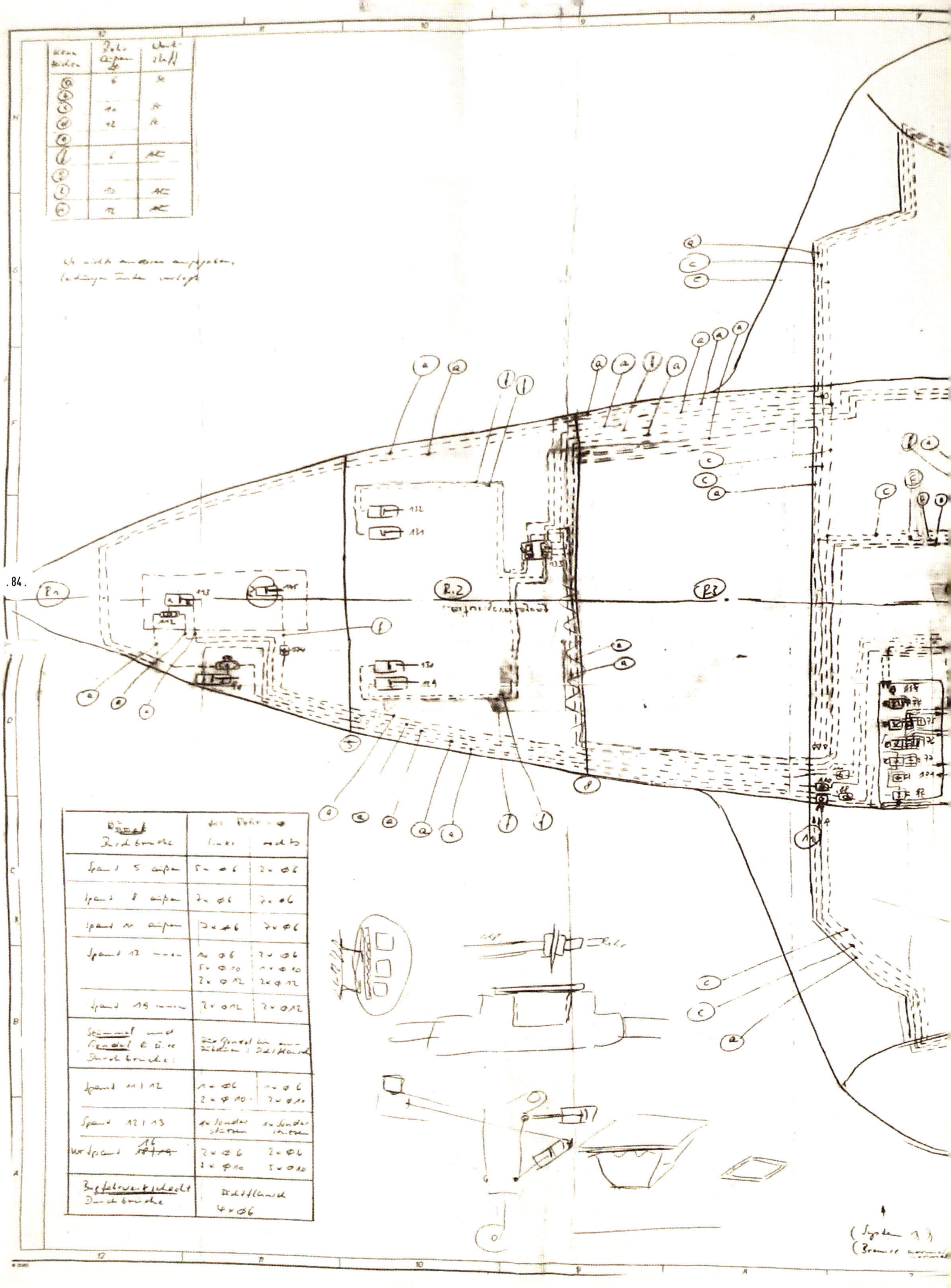

.84.

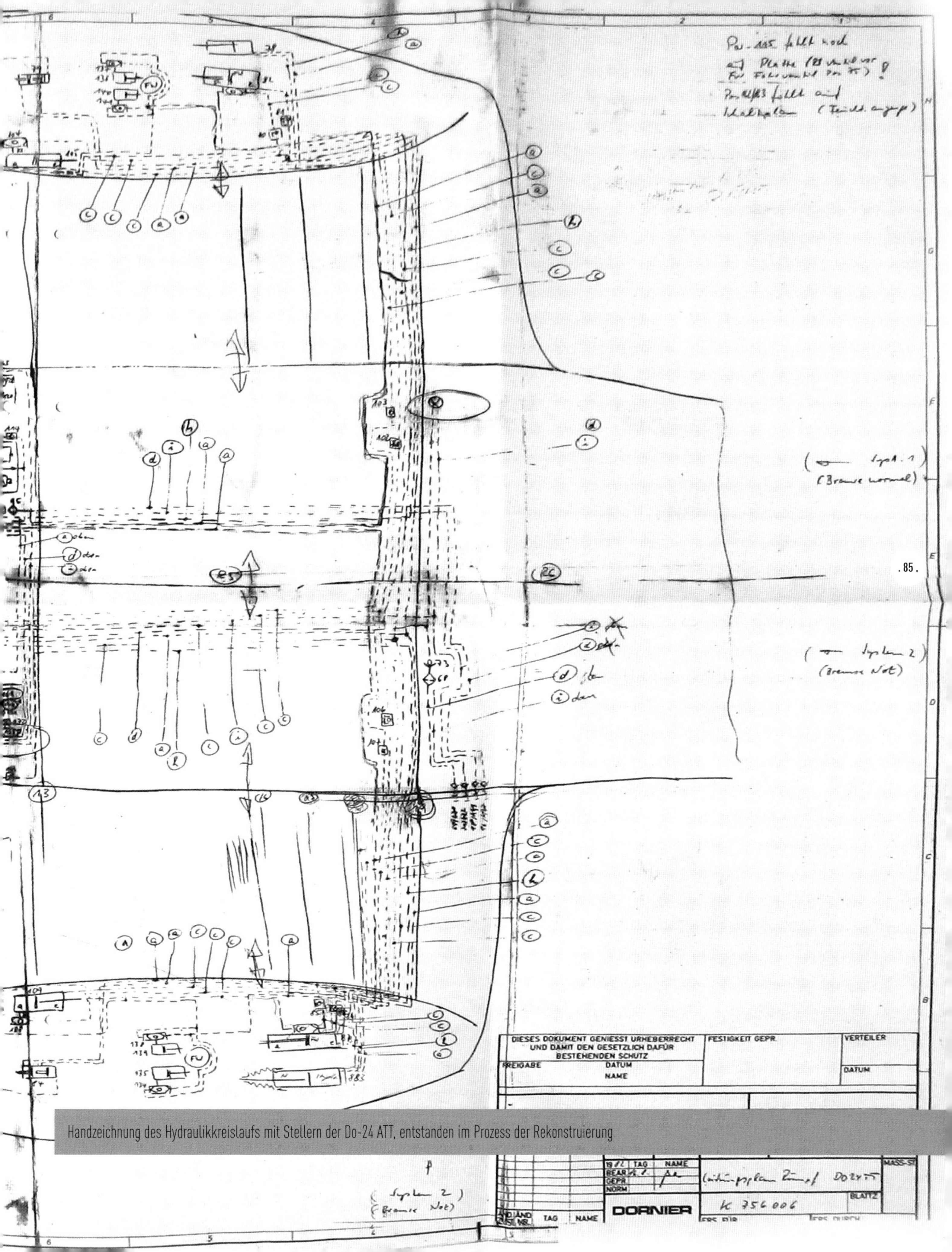

Handzeichnung des Hydraulikkreislaufs mit Stellern der Do-24 ATT, entstanden im Prozess der Rekonstruierung

InFlight

www.flyseair.com

SOUTHEAST ASIAN AIRLINES' ONBOARD MAGAZINE

FEBRUARY - MARCH 20

A STAR IS REBORN

AT SEAIR, A LEGENDARY FLYING MACHINE TAKES TO THE SKIES ONCE MORE

1995 habe ich auf den Philippinen mit meinen Partnern die Fluggesellschaft SEAIR gegründet. Mit uns kann man bequem von einer Insel zur anderen fliegen!

Claude Dornier als Student. Er hat's geschafft! Dass er eines Tages das größte Flugzeug seiner Zeit bauen würde, wer hätte das damals gedacht?

Mein Großvater Claude Dornier in Seemoos am Bodensee. Oben: Grafische Arbeiten von Marcel Dornier

Oben: Die Do-X in Rio de Janeiro im Juli 1931. Mitte: Die Do-X vor New York am 26. August 1931. Unten: Wasserung auf dem Hudson River

Oben: Über 70 Jahre später: die Do-24 vor dem Zuckerhut, der Freiheitsstatue und auf dem Hudson River

Es ging uns diesmal nicht um eine Belastungsprobe, wie das seinerzeit auf den Flügeln der Do-X demonstriert wurde.

wir wollten einfach nur unsere einzigartige Crew zeigen.

Spaß und Team gehören zusammen. Freundschaft ist zeitlos. Rechts: Zwei Träumer: Sir Richard Branson, Co-Pilot, und ich

Do-24ATT AMPHIBIAN
AN IREN DORNIER PROJECT
DORNIER

scalaria

scalaria
Do-24ATT AMPHIBIAN
scalaria
DORNIER

Am liebsten bin ich von jungen Leuten umgeben, Kinder finde ich einfach super! Sie sind die Helden von morgen, wenn sie eine Chance bekommen.

KAYANG KAYA!

Das ist philippinisch und heißt übersetzt: Wir schaffen es! Und mit meiner Tochter Alana klappt alles sowieso immer.

DORNIER
Do-24ATT AMPHIBIAN

»Latina«

HIER IST MEIN ZUHAUSE

Eigentlich funktioniert Fliegen so ähnlich wie Kochen. Wenn es allen geschmeckt hat oder der Flug angenehm war und wir alle wieder heil am Boden sind, dann hat es Spaß gemacht. Allerdings bin ich als Pilot besser.

GEGENLICHT

Hat sie nicht einfach was Besonderes? Ihre Silhouette ist so zart und leicht, doch hat sie so ungemein viel Energie und Stärke – wie die einer Frau.

SEAIR
100 Years of AVIATION
1903 - 2003
Do24TT
PILIPINAS
P6
SEAIR
ERSTER WELTFLUG
IREN
DORNIER
FLUGBOOT DO 24
-DORNIER-
DO 24
08. Sep. 2004
ATT
FLUGSCHIFF
€ *0,11
DEUTSCHLAND
75 Jahre Nord
Deutschland
BONN
-8.-9.04-18
Zentrale
Deutsche Post
53113
World Net
Deutsche
Global Ma
928 Broad
NY, NEW
USA
DO X 1929
Deutsche Post
Befördert mit Flugboot DO 24
D 1929
the best
ompliments of the
Deutsche
Vacuum Oel Aktiengesellschaft
Mobiloil-Department
Mr. P. I. DuMar,
Vacuum Oil Company,
61, Broadway,
NEW YORK,
ERSTER ÜBERSEEFLUG
AMERIKA
EUROPA
DES DORNIER-FLUGSCHIFFES
MARK

EGYPTE
13 MILLS
CONGRÈS INTERNATIONAL D'AVIATION-LE CAIRE-1933
"DORNIER DOX"
PROGRESS OF AVIATION
2c
LIBERIA
40TH ANNIVERSARY OF AIR SERVICES
ANTIGUA
DORNIER DO-X
20c
10F
POSTE AERIENNE
PREMIER VOL 1924
Db7
HISTÓRIA DA AVIAÇÃO
S. TOMÉ E PRÍNCIPE
REPUBLIQUE GABONAISE 300F
CLAUDE DORNIER
TÜRK HARITACILIGINDA 75. YIL
60 KURUŞ
POSTA
TÜRKİYE CUMHURİYETİ
GUZEL SANATLAR MATBAASI A.S. 1970
COLOMBIA·AEREO·10·CTVS
DORNIER WAL
1924
HISTORIA·DE·LA·AVIACION·COLOMBIANA
MAGYAR POSTA
LÉGIPOSTA
5 Ft
1932.
DORNIER „WAL" W. Gronau
1978.
COLOMBIA·AEREO·20·CTVS
DORNIER MERCUR
1926
HISTORIA·DE·LA·AVIACION·COLOMBIANA
ANNIVERSARY OF PIONEER AIR SERVICES 1934-1969
Dornier Wal
The GAMBIA 1/-
DR. CLAUDE DORNIER
150F
POSTE AERIENNE
EMPIRE CENTRAFRICAIN
MONACO
1,00
CROISIERE ATLANTIQUE 1930
Hydravion DORNIER-DO X
Brasil 84
610,00
Brasil 84
D-AKER
620,00
JORGE EDUARDO
2 PTAS
CINCUENTENARIO DE LA AVIACION ESPAÑOLA
CORREOS ESPAÑA
50 ANIVERSARIO DE LA TRAVESIA DEL ATLANTICO POR EL PLUS ULTRA
URUGUAY
CORREOS
N$ 0.63

Wir nennen es Bananenscharnier (babanahinge). Dieser Hebel sitzt im Fahrwerksschacht und verbindet die Landeklappe mit dem Rumpf.

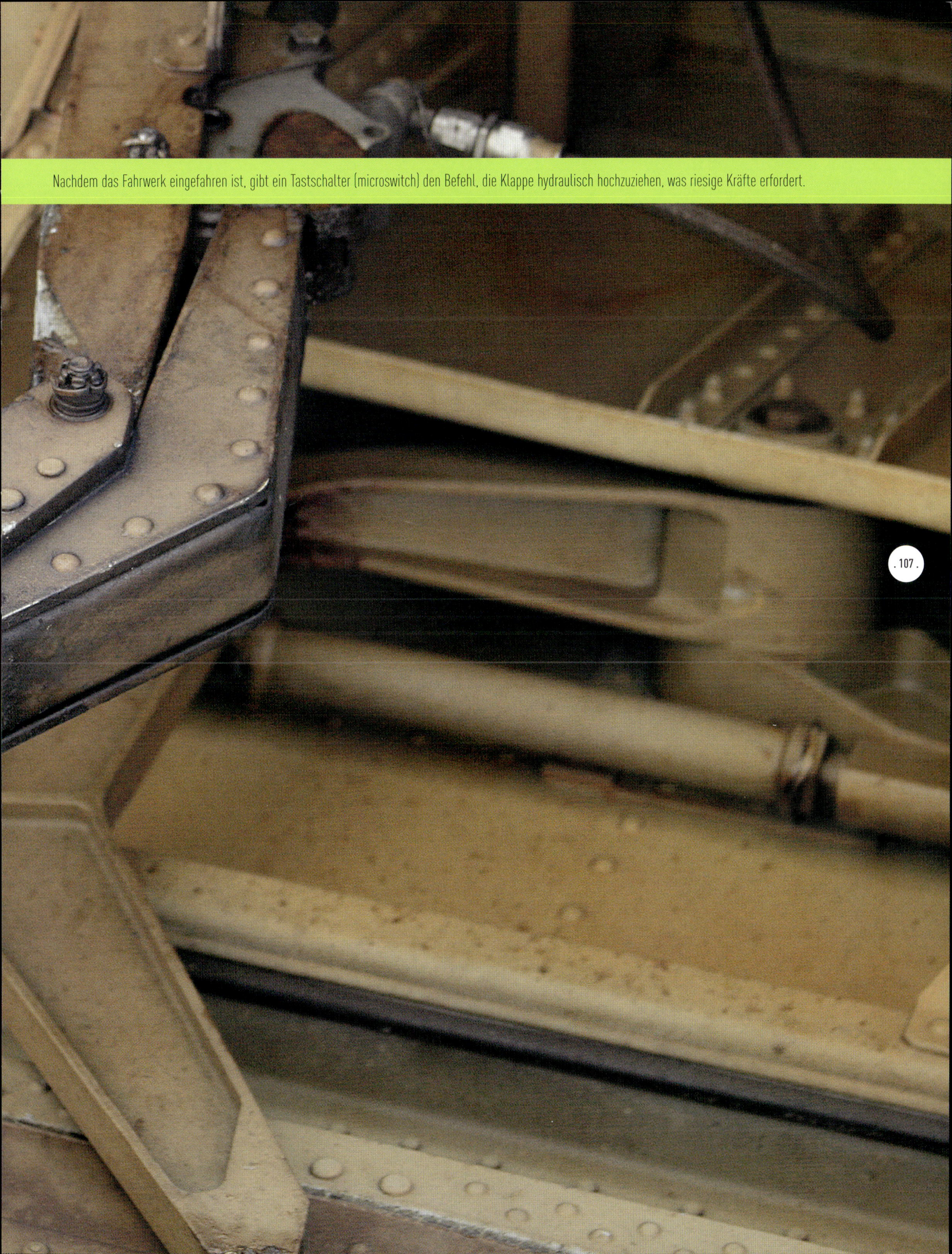

Nachdem das Fahrwerk eingefahren ist, gibt ein Tastschalter (microswitch) den Befehl, die Klappe hydraulisch hochzuziehen, was riesige Kräfte erfordert.

DIE LEBENSRETTENDE KATASTROPHE

Dies war einer der schlimmsten Momente, technisch wie emotional. Ich fühlte mich, als ob das Licht ausgeht, war so traurig und hoffnungslos. Warum war mir das passiert? Wir waren noch nicht ein einziges Mal in der Luft gewesen! Und jetzt kam auch noch die Feuerwehr. Was sollte ich nur tun? Kann man das noch reparieren? Es sieht schlecht aus!

Kraft im Licht! Sie schwingt und zieht uns durch die Luft.

DANGER: PROPELLER AREA KEEP DISTANCE
DORNIER

PROPELLER AREA KEEP DISTANCE
DORNIER

Ein Ausflug nach Puerto Princessa in Palawan, Philippinen. Stundenlang über Schwemmland.

RP-C2403

Hier wird menschliche Kraft um 90° Grad umgelenkt und bis in die Querruder geführt.

Bodenhaftung im Kreuzgang einer romanischen Kirche

Abendlicher Instrumentenlandeanflug: Es macht Spaß, die vielen Lichter unter einem zu sehen. Alles zieht beinahe in Zeitlupe vorbei, ...

… bis dann wieder ganz schnell höchste Konzentration gefordert ist. Dann müssen die Funkfrequenzen eingeschaltet und Checklisten abgearbeitet werden.

Sonnenuntergang: Unser Zielflughafen ist wegen schlechten Wetters geschlossen.

Wagnisse

DORN

Andreas Zeitler fotografierte uns aus einer Do-27 DLR. Das Ganze war ziemlich waghalsig.

Alles ist gleich wichtig. Auch die Technik.

RP-C2403

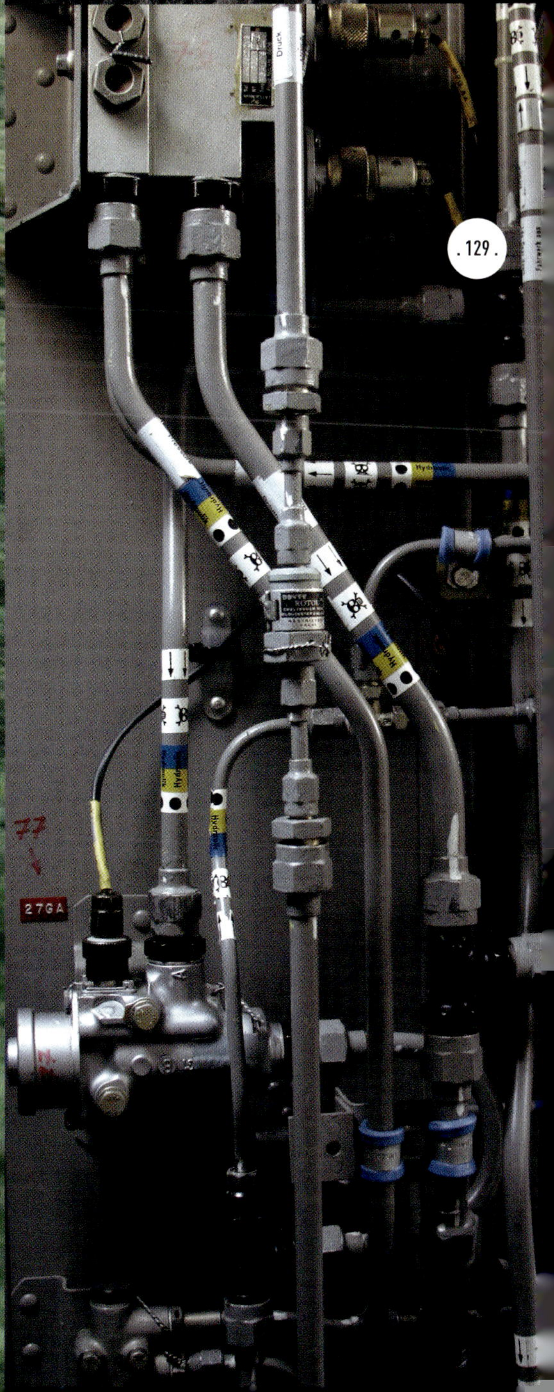
27GA

Fliegen hat für mich auch etwas mit Licht und Nuancen zu tun. Aber auch mit Genuss.

Mit Cousin Conrado Dornier und Crewmitglied Jim Eagles lassen wir einen besonders schönen Tag ausklingen.

Einfach das Beste! Stundenlang im Tiefflug an der Küste entlang. Da bekommt man einen besonderen Bezug zu Kraft und Magie der Erde.

Lufthansa
RP-C2403

DANGER:

Kraft

Ein Düsenjäger hinterlässt Kondensstreifen. Bei uns ist das sehr ähnlich, wir setzen auch Kraft in Gischtstreifen um.

NOCH 1 000 FUSS

Oft frage ich mich, was wohl die Menschen denken und fühlen, die zuvor noch nie in so einem Flugzeug gelandet sind. Bekommen sie weiche Knie? Wie stellt sich der einzelne so eine Landung vor? Wir landen ja nicht auf einer gewöhnlichen Landebahn.

EIN KRATZEN, SCHLEIFEN, DONNERN ODER TROMMELN

Ist etwas passiert? Wir haben doch keinen Unfall gehabt? Wasser spritzt, wir schlittern immer noch. Da heulen die Motoren noch einmal auf, wir schaukeln sanft. Es wird stiller, der Motorenlärm beruhigt sich.

3300 PS – Wasser, Stärke, Gischt! Ein Rausch – die Elemente treffen aufeinander.

Ein Teil greift in das andere, damit es funktionieren kann. Die Energie als Ganzes – fast wie bei uns Menschen.

STILLE

Stille ist eingekehrt, ein bisschen Wärme noch zu spüren. Sie ruht,
sie trägt sich selbst, sie fügt sich ein. Trägt ihr Leitwerk eine Krone?
Ist es wie Architektur oder eine beinahe vergessene Geschichte?

SIE SCHLÄFT

Oder wartet sie? Draußen regnet es. Paolo und ich haben das Werkzeug aufgeräumt. Stundenlang wurde an ihr operiert, und sie ist ganz müde, wir auch. Kein Laut ist zu hören, ein Licht brennt noch, die letzte Tür.

1700 Umdrehungen pro Minute, sie drehen rechts herum, Öltemperatur 85° Grad, Leistung 100 ng, 85 % Drehkraft. Wasser spritzt, es dröhnt – wir beschleunigen.

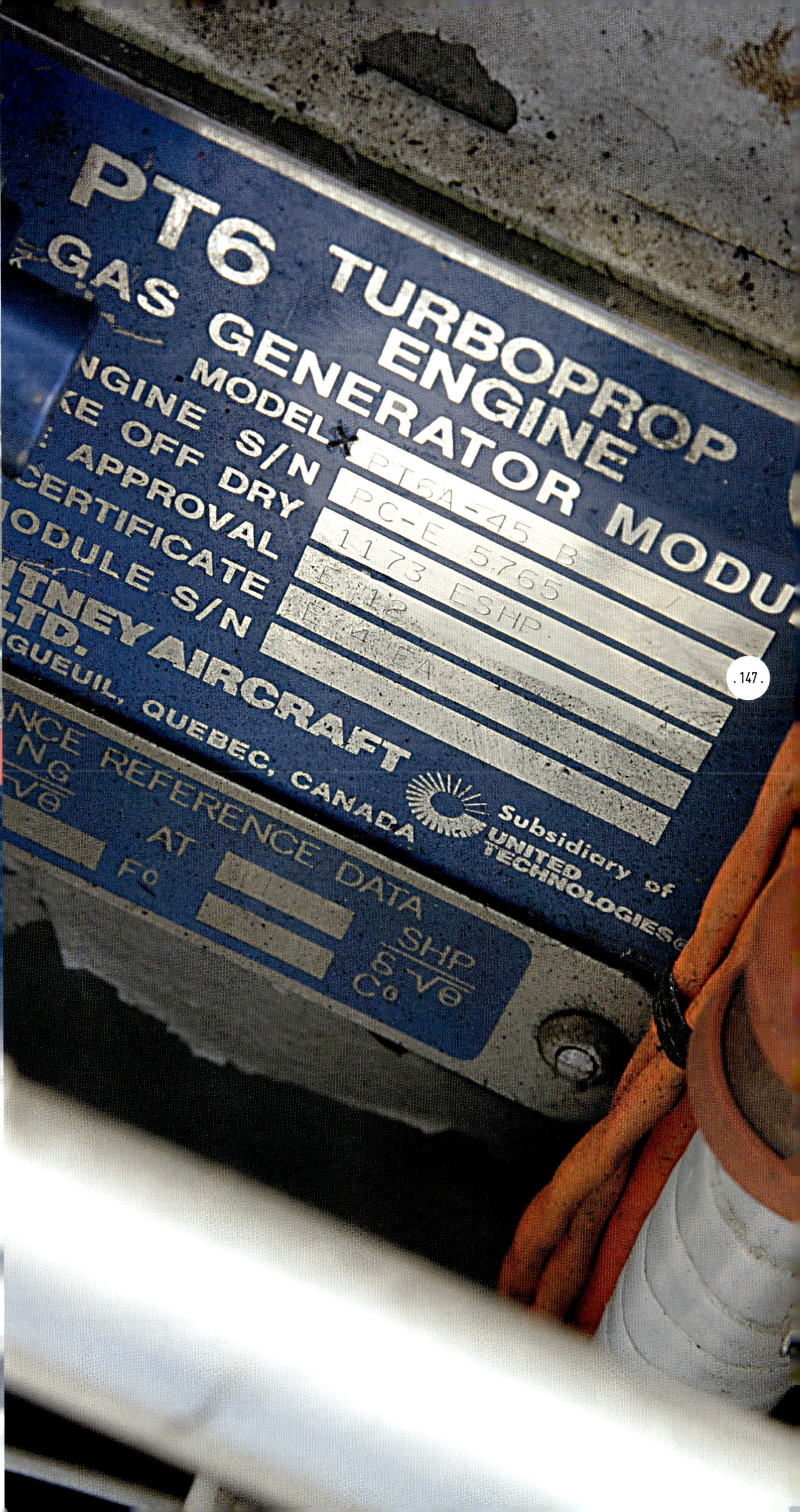
PT6 TURBOPROP ENGINE
GAS GENERATOR MODU
MODEL
NGINE S/N
KE OFF DRY
APPROVAL
CERTIFICATE
ODULE S/N
PT6A-45 B
PC-E 5765
1173 ESHP
TNEY AIRCRAFT
LTD.
GUEUIL, QUEBEC, CANADA
Subsidiary of
UNITED TECHNOLOGIES
NCE REFERENCE DATA
AT
SHP

Gute Technik ist immer schön!

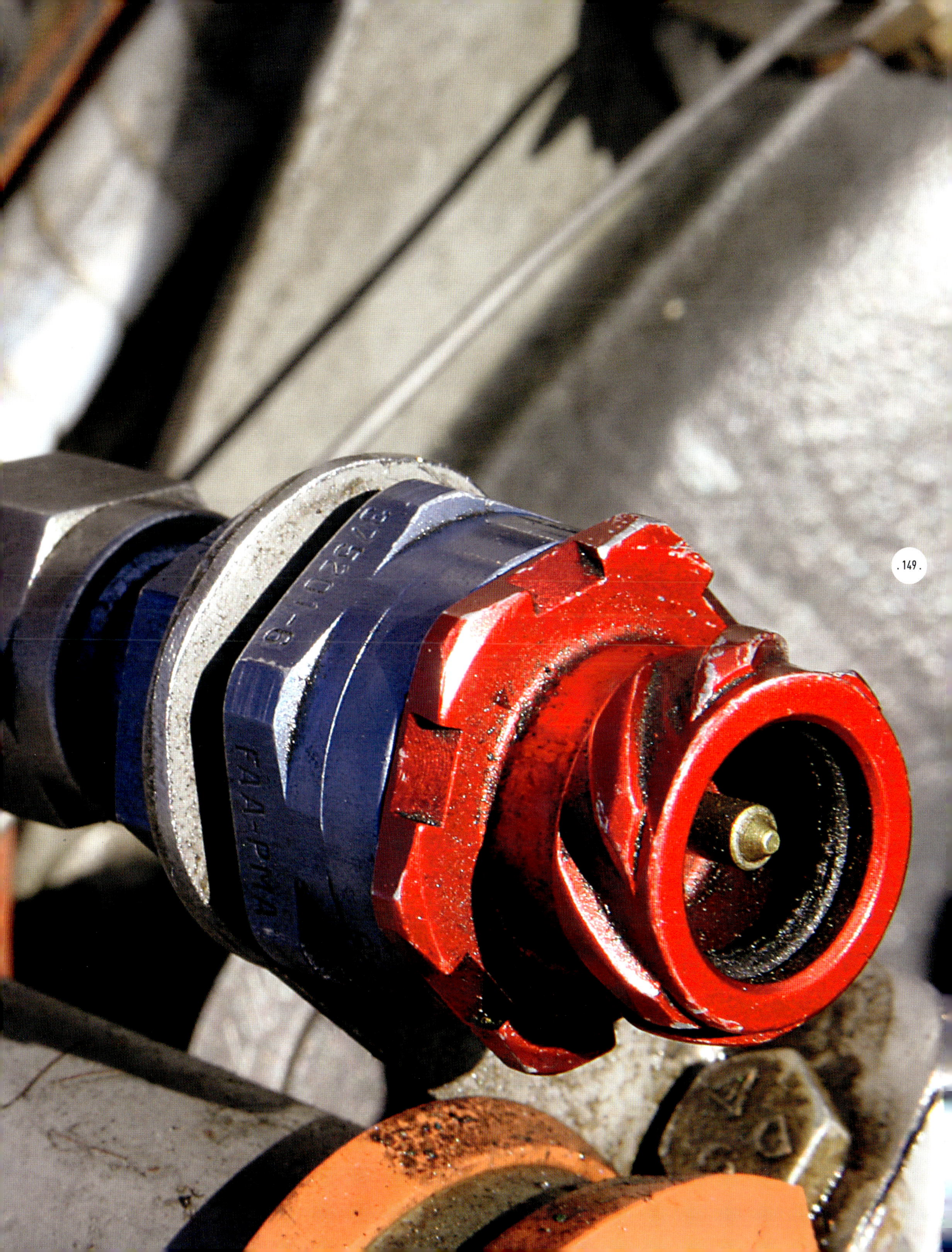
FAA-PMA

Stilles Wasser, sanfte Landung. Wasser kann aber auch verdammt hart sein.

Poesie einer Landung. Spiel von Licht und Wasser.

DORNIER

Schönheiten

Wie soll man sie beschreiben? Man muss sie doch einfach gern haben. Ja, warum eigentlich nicht?

PRATT & WHITNEY
DANGER

Sinnlichkeit und erotische Technik sind eine dorniersche Wortschöpfung und sollten unbedingt hier festgehalten werden.

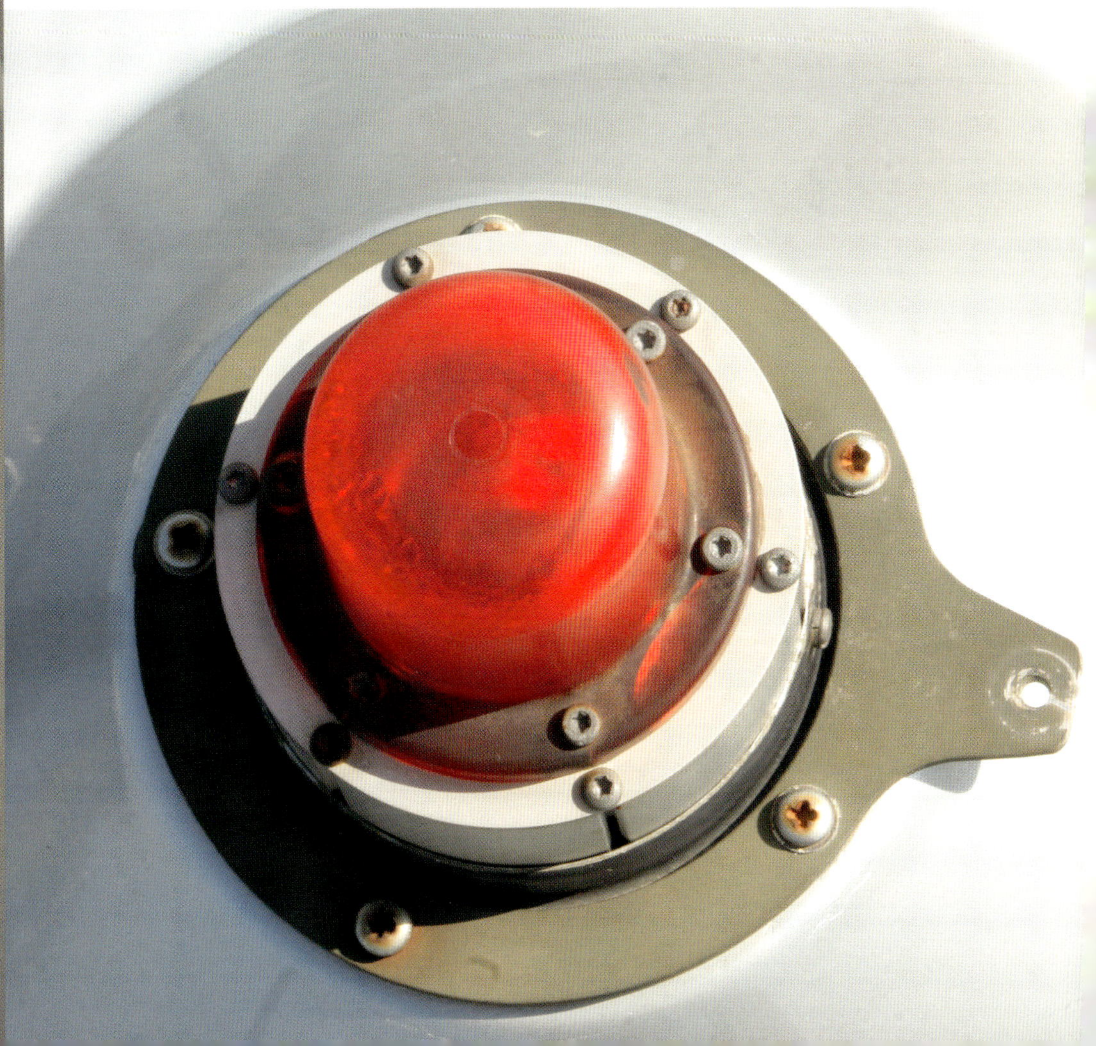

Let´s play the catwalk. Einmal etwas anderes tun, lass es uns anders machen, jetzt hier sofort – ich will es, sie auch.

scalaria
PALMERS
DORNIER

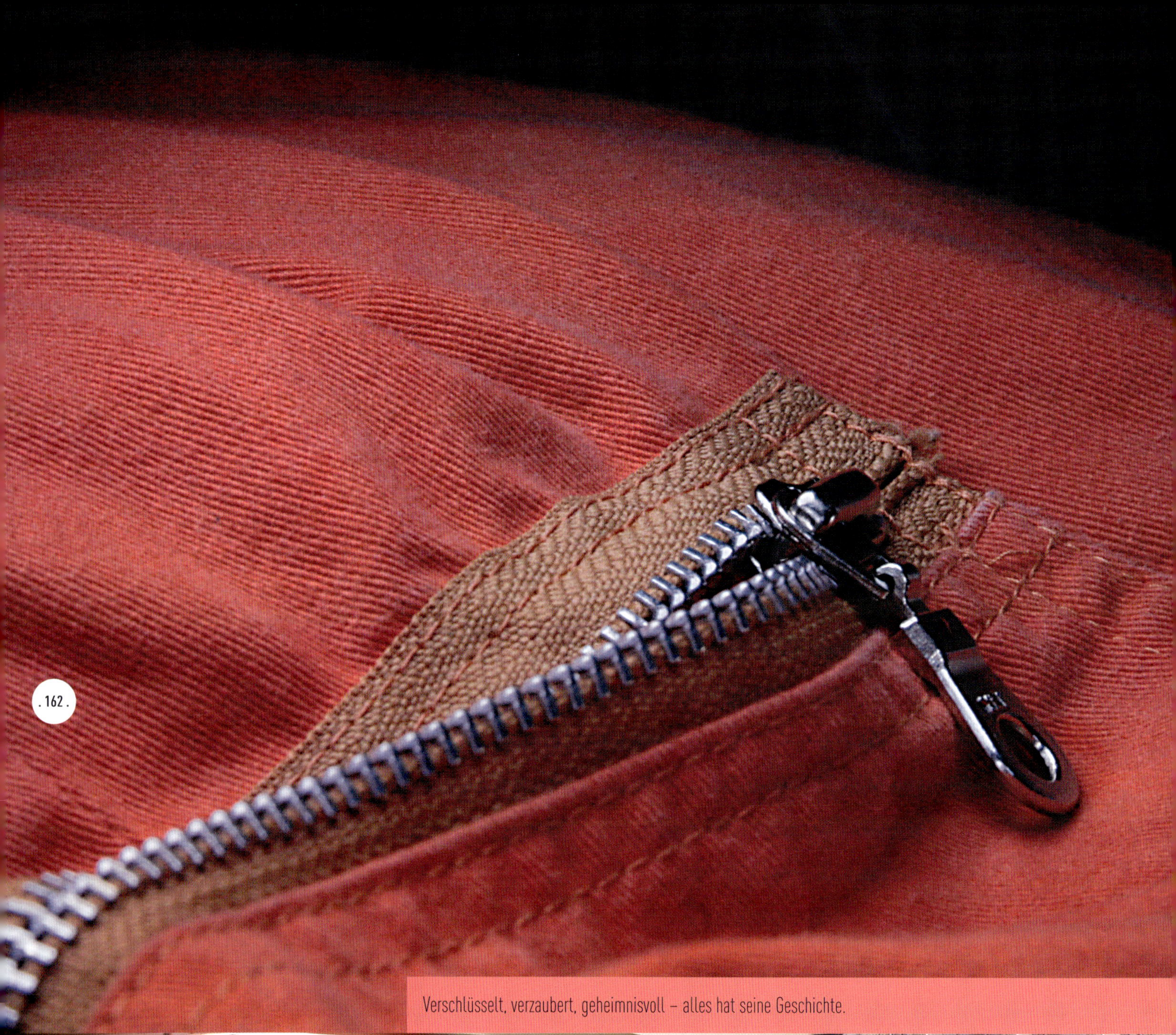

Verschlüsselt, verzaubert, geheimnisvoll – alles hat seine Geschichte.

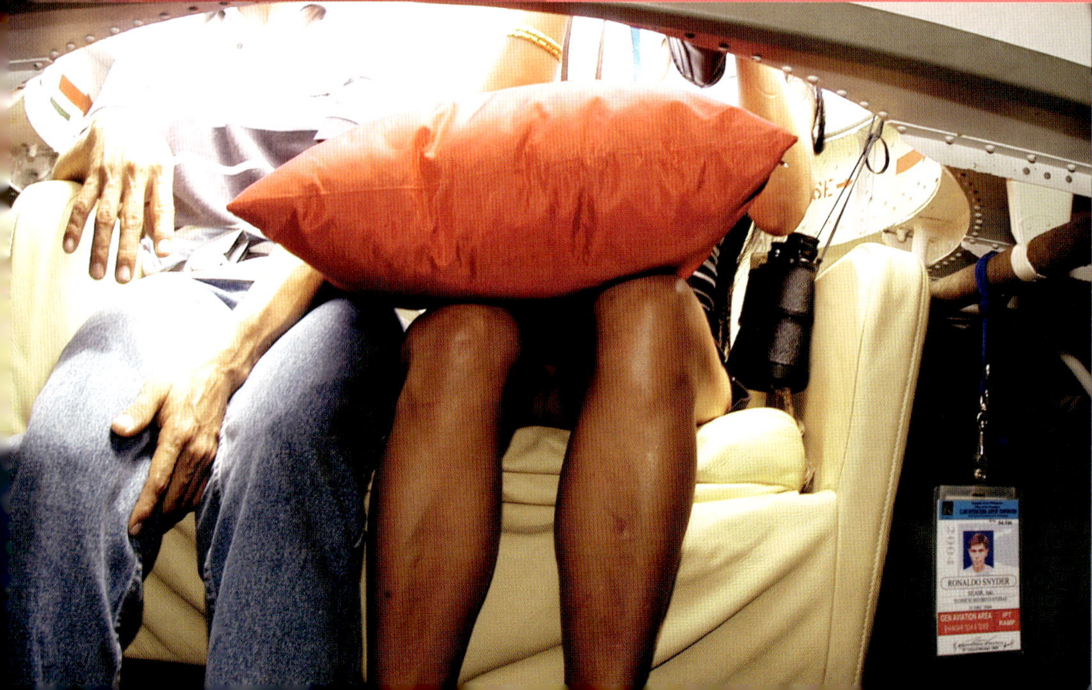

DORNIE

Einfach mal frech reinschauen und keine Hemmungen zeigen, Neugierde.

Einzelne Momente so zu leben, als ob sie die letzten wären. Tief und wild, Rio, oh Rio, ich liebe dich!

RP-C2403
Lufthansa
A.E.R.O.
RUAG
DORNIER
DAILY NEWS

New York

Glas – gläsern, hart, funkelnd, schön und kühl,
auch dort gehört sie hin.

Passt das zu Batman oder täuscht hier die Optik? Beide haben etwas gemeinsam – auf ihren abenteuerlichen Flügen durch die Wolkenkratzerschluchten New Yorks.

Unter dem Verschluss eine Steckdose, in die das Kabel eingesteckt wird, damit der Strom für die Starthilfe fließen kann.

POWER
-500A

»Latinas« Spielwiese. Fast wie im Märchenland.

So spielerisch es heute aussieht, so tückisch kann es morgen sein.

Philippinen

Von den über 7000 Inseln im südchinesischen Meer ist eine schöner als die andere. Hier in Palawan auf den Philippinen verliert man sich.

DORNIER

EINSAMKEIT?

Hier hat man das Gefühl, völlig alleine zu sein, ist es aber nicht. Kaum landeten wir, kamen die Menschen angelaufen. So eine Truppe hatten sie noch nie gesehen.

Sandoval Airport, Philippinen: Von hier aus wird man mit einem Jeep durch den Urwald gefahren und erreicht nach einer halben Stunde Fahrt die Küste. Erst liegt sie etwas verdeckt hinter einem Fluss und Mangrovenwäldern, dann taucht sie auf.

Iren: »Hello Russel, can you hear me? Where are you?« Russel: »We are about 3000 feet over you circling. She looks lovely from up here. We will wait for your take off.«

Iren: »Rodger. Will advice. We will just have a break for a few minutes.« Inselgruppe El Nido, Palawan

Alle Hebel werden umgelegt: »Russel, are you ready? We are coming. We fly heading 020 climbing up to 1 000 feet. See you in a minute.« »Ok.«

CLOSE
PEN

WOODWARD

Architektur

GÄBB

GEGEN DEN HIMMEL

Manchmal vergesse ich, dass alles nur eine Frage der Perspektive ist, und die verändert sich hier oben jede Sekunde.

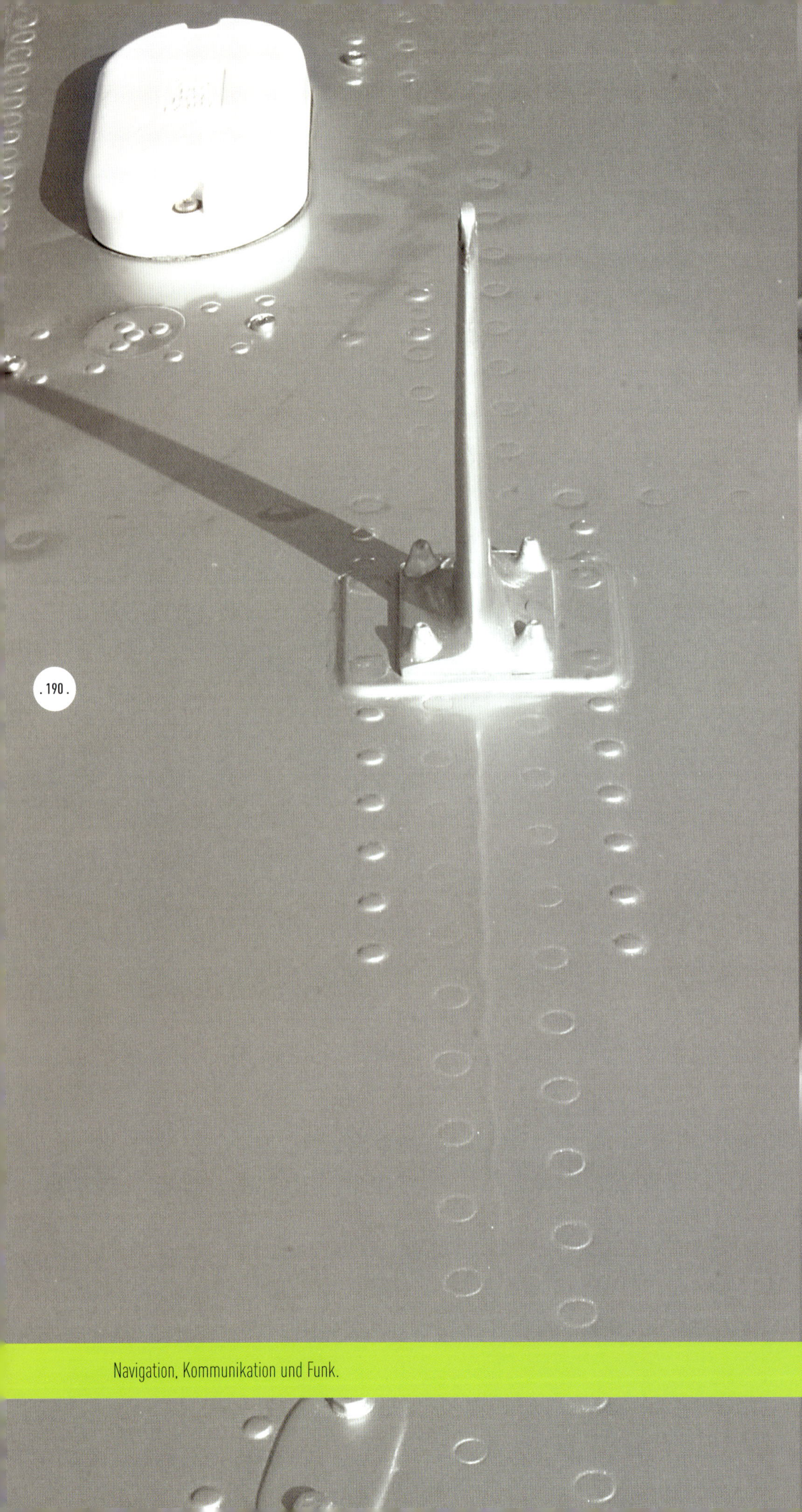

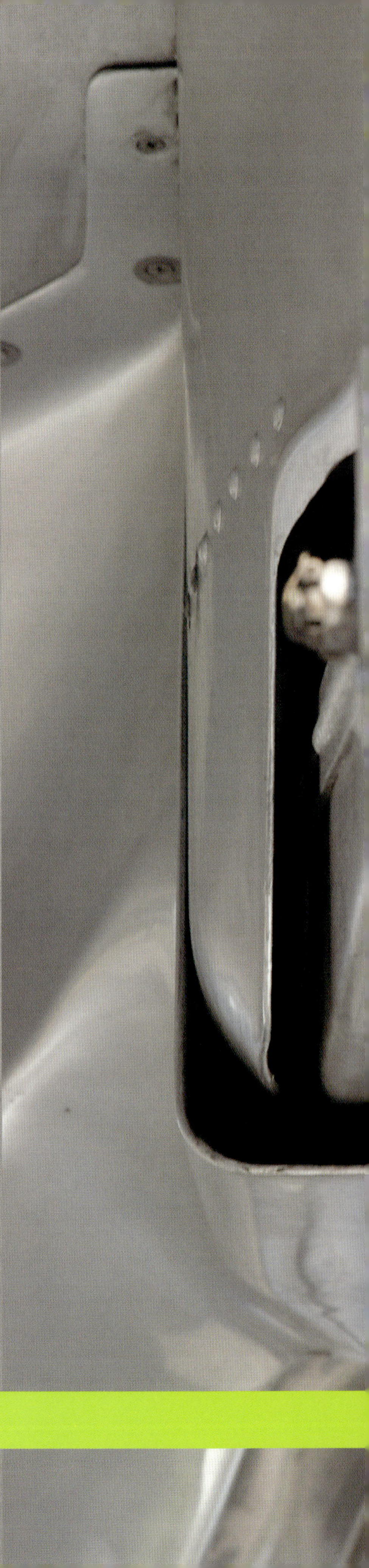

Navigation, Kommunikation und Funk.

Jeder noch so kleine Impuls wirkt sich auf das Fliegen aus.

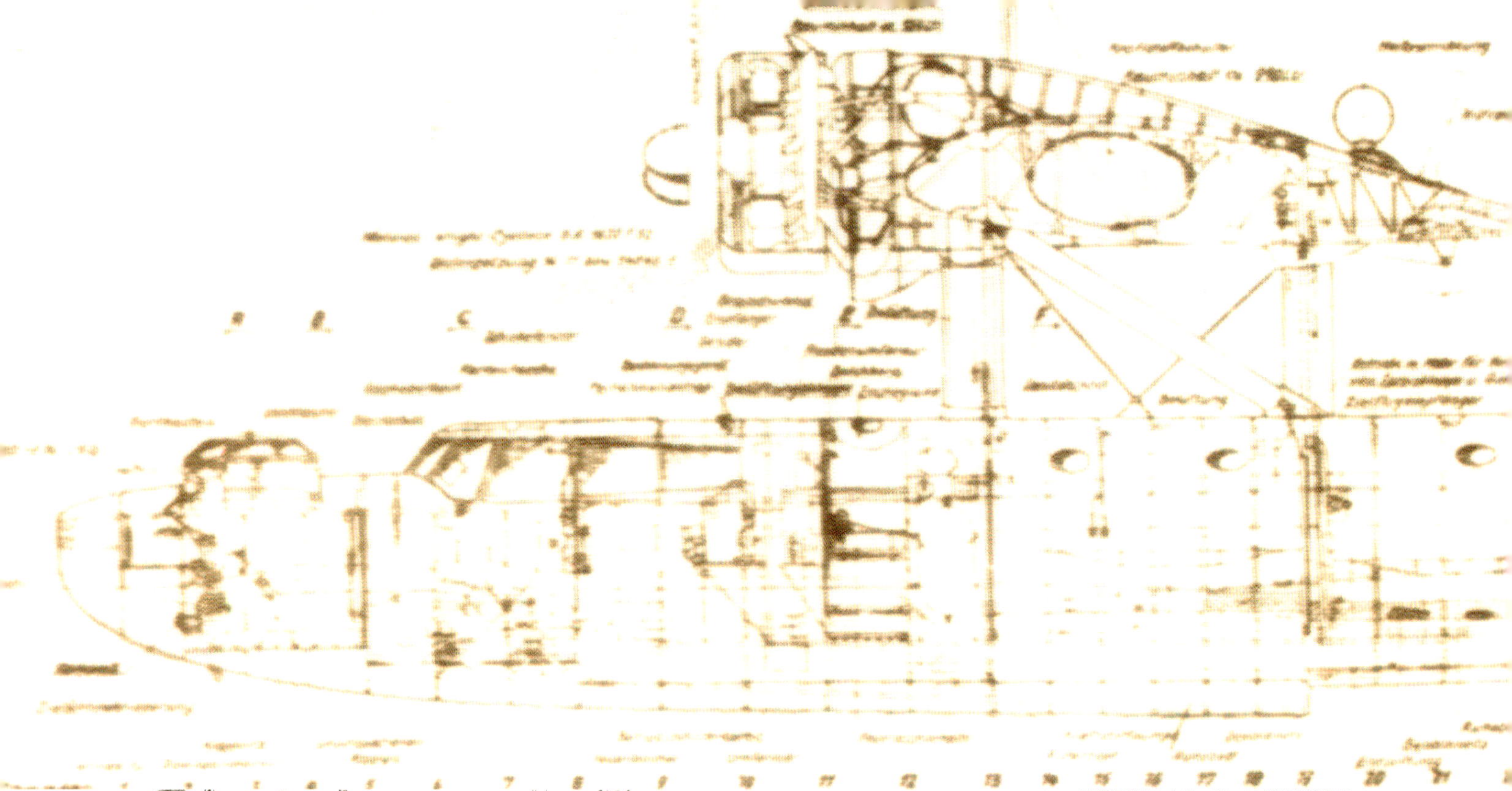

Aus einer Idee ist sie entstanden und mit einem Stift wurde sie gezeichnet. Kunst und Geschichte in Latinas Geburtsstunde.

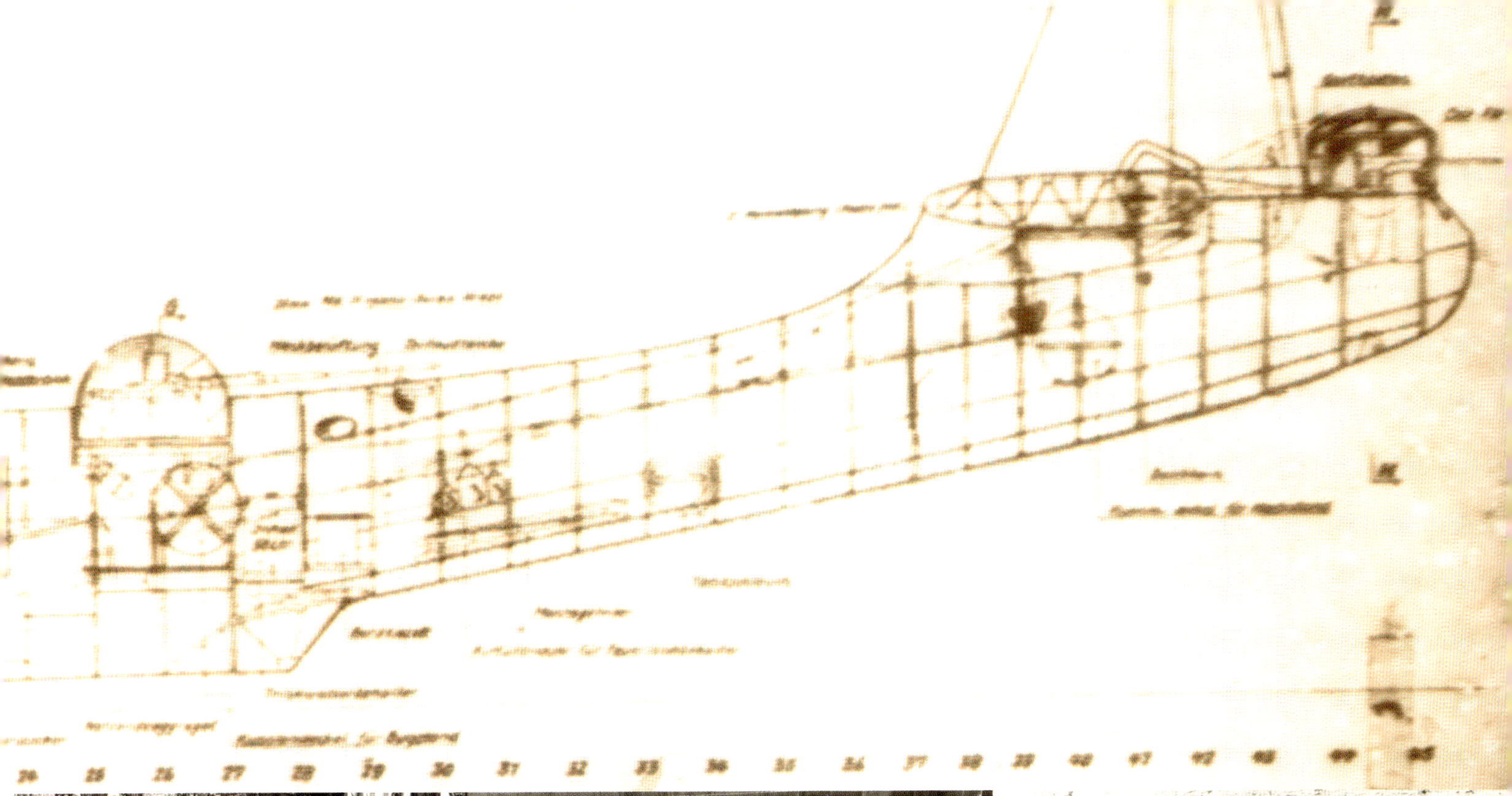

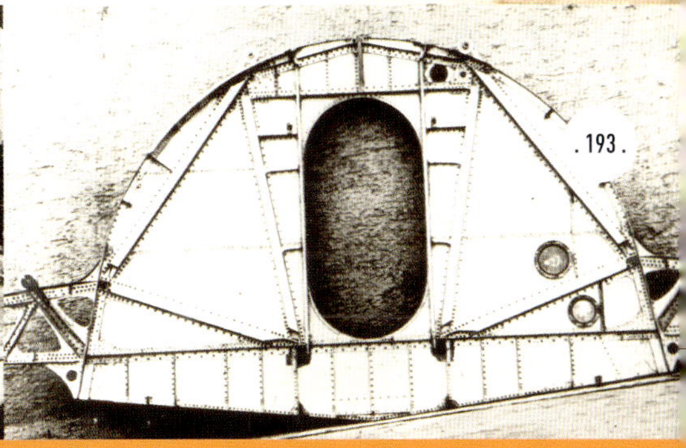

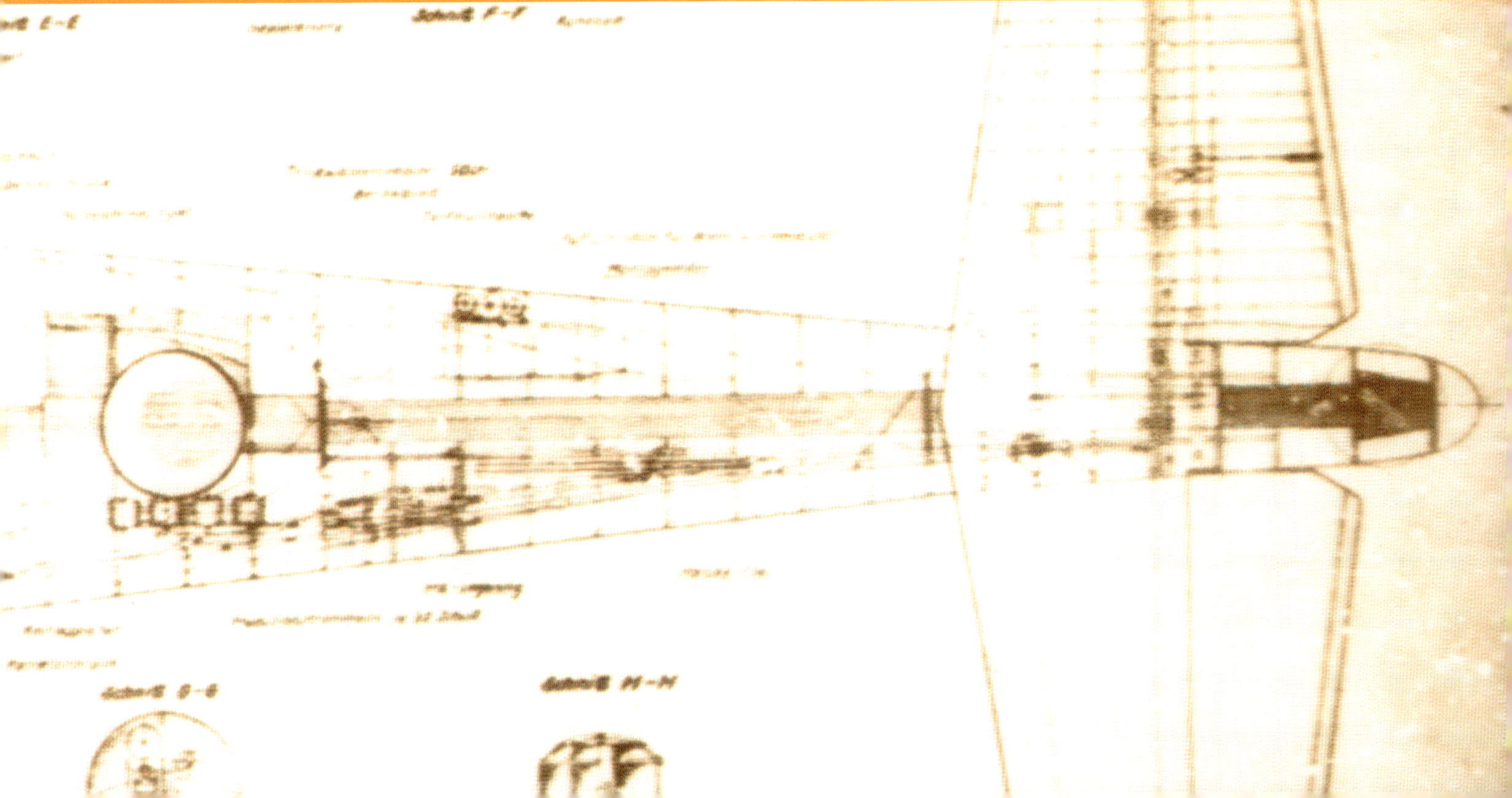

Latinas Bauch, zart und zäh.

Vieles ist hier aufgeschrieben – der Anfang unserer Reise. Doch das Ende ist noch offen.

020504	EDHY	1403	EDHY	1439	DO-24	"
030504	EDNY	0911	EDHY	0958	DO-24	"
030504	EDHY	1128	EDHY	1219	DO-24	"
030504	EDHY	1434	EDNY	1528	DO-24	"
030504	EDHY	1543	EDHY	1628	DO-24	"
080504	EDHY	0654	EDHI	0951	DO-24	"
080504	EDHI	1100	EDDW	1147	DO-24	"
080504	EDDW	1250	BASE	1315	DO-24	"
090504	BASE	1230	EDDW	1250	DO-24	"
090504	EDDW	1326	EDDB	1510	DO-24	"
090504	EDDB	1720	EDDB	1748	DO-24	"
100504	EDDB	1531	EDDB	1547	DO-24	"
110504	EDDB	1012	EDDB	1057	DO-24	"

GBOOK
30 Requirements
34
47
51
52
45
177
47
25
20
44
18
14
45

Interieur

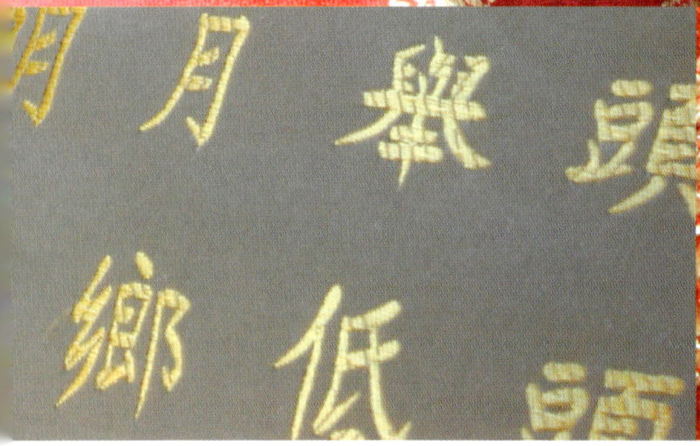

Träume sind dazu da, dass man sie lebt. Farben sind dazu da, uns zu erfreuen. Wenn man müde ist, schlafen darf und träumen kann, genial!

TRÄUME – FARBEN

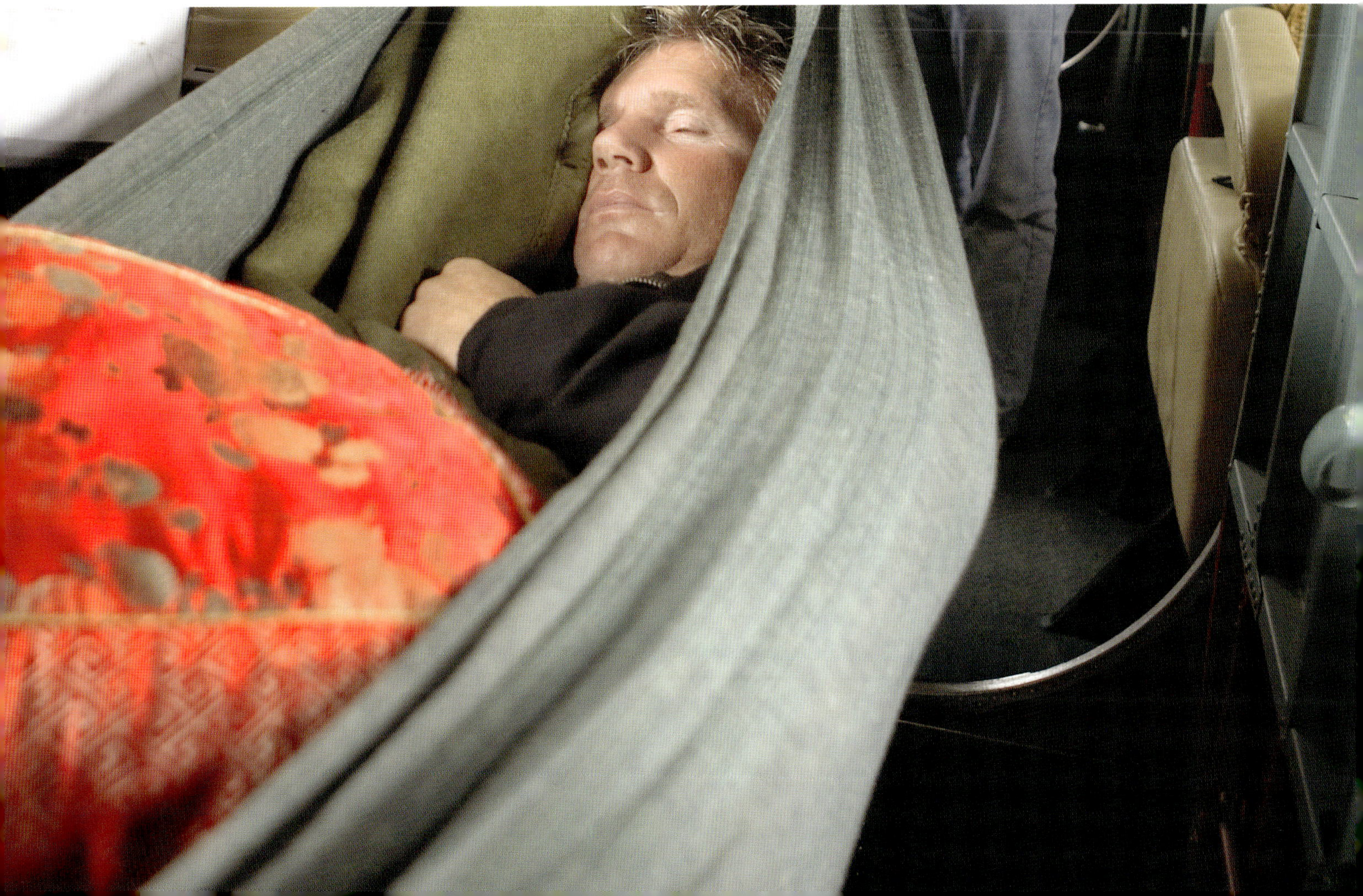

ANSICHTSSACHEN

Die Musik war ganz leise. Da hinten saßen noch zwei. Sie unterhielten sich, wollten noch nicht nach Hause.

TISCHGESPRÄCHE

Immer wieder sind wir über das Diagramm gegangen. Der Fehler schien ungelöst, dann kam Kaffee. Hatten wir an diesem Tisch nicht auch den Giro in tausend Teile zerlegt? Heute scheint die Abendsonne darauf, es ist niemand mehr da.

Kühle Luft – Nieten – Schrauben – Oberflächen-Rausch

Ansichtssachen

Kunstflugstaffeln Airshow 2005, Oshkosh, USA

AEROSHELL
AEROSHELL
AEROSHELL
AEROSHELL

Gleich wird es dunkel. Noch einmal genieße ich den Anblick ihrer Schönheit.

Der Künstler Dave Parker hat es einfach drauf. Er mischt einige Farben und verzaubert »Latina« in einen Feuerball.

DORNIER

An einer Straßenecke in Panama kaufte ich mir einen Hut. Wenige Minuten später kam eine Windböe und trug ihn fort.

Ist alles soweit, sind wir fertig? Noch Minuten bis zum Start. Konzentriert atmen wir tief durch.

RP-C2403

Ziele

DORNIER

Do-24ATT AMPHIBIAN
DORNIER

Land der Überraschungen. Wir haben neue Freunde gefunden. Mit Prinz Tarek von Oman und Scheich Achmed und Anita in Dubai.

Flugzeugformen – Luftgebilde. Die alte Do und das neue Burj al Arab Hotel.

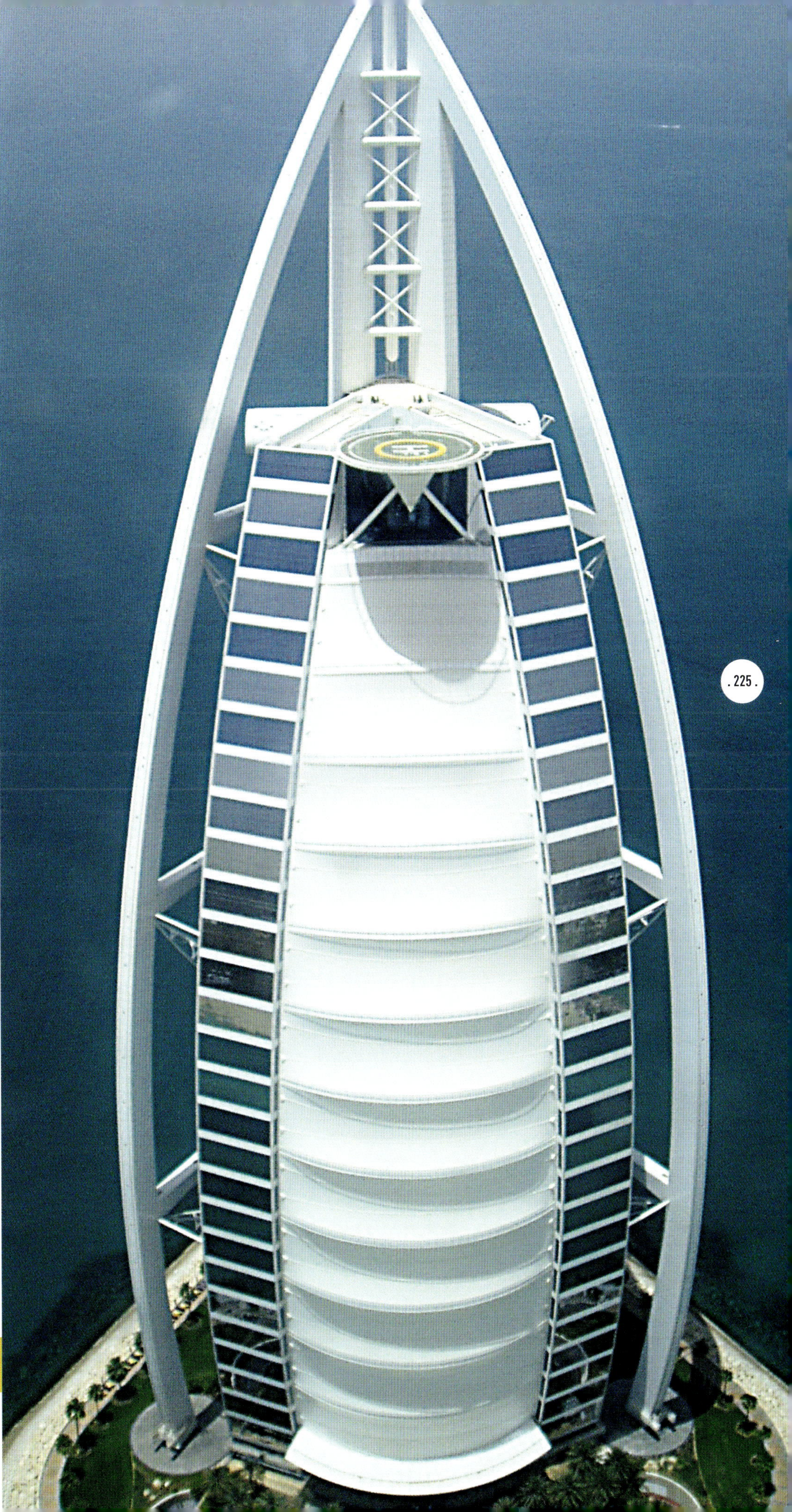

RP-C2403
DORNIER
Lufthansa

NOCH WEITER, NOCH WEITER

Wolken zogen immer wieder auf. Dennoch. Einfach alles hinter sich lassen und richtig hoch in die Luft steigen, an der Brücke nochmals vorbei. Wir haben es geschafft.

Könnt ihr euch noch an unseren Flug erinnern? Der herrliche Comer See in Oberitalien.

Emotionen

Bilder aus dem Leben, Latinas Freunde: Co-Pilot Harrison Ford, Mariel, Richard Dornier, die Young Eagles Kunstflugformationsstaffel und Daniel.

Pete, Bill Wright, Shiella, Paolo, Co-Pilot Christian Kerr, Klaus Daser und viele andere Freunde.

»What did you say? – You are crazy!«

»Crazy – f ... you!« Mit Christian im Cockpit war es immer lustig. Blödsinn? Nein, Spaß! Er kann gut Leute imitieren, ich natürlich auch. Habe ich von meiner Mutter gelernt.

»I want a burger, a big fat burger, or chickenwings with mayonaise, now now now!« – »Why are you eating that crab? This is not healthy! Your culture sucks.« – »Yours too, potatoe land dood ...«

Zuhause

In Köln auf dem Rhein zu landen ist wegen der vielen Brücken extrem schwierig. Das war schon für meinen Großvater Claude Dornier eine Herausforderung.

Wo sie auftaucht, begeistert sie die Menschen. Ob in der Nähe von Frankfurt oder am Bodensee. Auch Bruder Khalid aus Dubai oder die schönen Models lieben »Latina«.

AMPHIBIAN
DORNIER

Ein Sternenhimmel im Wasser – Streuselkuchen – Bootsmilchstrasse – blaues Bild vom Outer Space.

Und weit oben schwebt der Zeppelin, mit dem ja alles angefangen hat.

Die Reise geht weiter

Nach 86 Stops in 36 Ländern ist die *Mission:Dream* – vorerst – vollendet. Die »Latina« aber wird weiter durch die Lüfte gleiten, denn ein Flugzeug, so Iren Dornier, »gehört in die Luft, solange es Flügel hat«. Außerdem gibt es noch viele Orte, die er mit seiner Schönen erobern möchte. Paris etwa, mit einer Wasserung auf der Seine und einer Runde um den Eifelturm. Oder den Bosporus und die orientalische Magie Istanbuls. Sankt Petersburg. Australien. Neuseeland. Viele Bühnen bleiben denkbar für die Grande Dame der Flugboote und ihren jugendlichen Kapitän.

Träume sind für Iren Dornier keine Nachtgestalten, keine Spinnereien, sondern Wegweiser für die Wirklichkeit. Mit der Welttour im Flugboot seines Großvaters hat er sich einen Lebenstraum erfüllt. Die Reise aber lenkt den Blick nicht allein auf die große Vergangenheit des Hauses Dornier, sondern öffnet Türen in die Zukunft.

Iren Dornier möchte wieder Flugzeuge bauen. Möchte die Tradition seines Großvaters mit der Technik des 21. Jahrhunderts verbinden. Das erste Modell gibt es bereits, das Kleinflugzeug Do-S. Für ihn trägt das innovative Flugboot »die Seele der ›Latina‹ weiter«, und damit den Pioniergeist der Familie Dornier.

Als Iren Dornier die Schwimmeigenschaften des Leichtsportfliegers im Juli 2007 auf dem Bodensee testet, sieht vom Ufer aus sein Vater Silvius zu, nur wenige Meter von jener Slip-Anlage entfernt, über die dessen Vater, Claude Dornier, zu Beginn des 20. Jahrhunderts das erste Dornier-Flugboot überhaupt zu Wasser ließ. Eine Passantin fragt Silvius Dornier, warum das Wasserflugzeug nicht wie herkömmliche Modelle Schwimmer unterm Rumpf habe. »Die Dorniers haben das nie«, erklärt Silvius Dornier ihr und reiht damit die Do-S nathlos in die Familiengeschichte ein.

Am 14. Juli 2007 fand der erfolgreiche Erstflug statt, zwei Wochen später stellte Iren Dornier die Do-S mit ihrem um 90° Grad drehbaren Flügel auf der Flugshow in Oshkosh/USA der Weltöffentlichkeit vor. Die ersten 20 Bestellungen für den Zweisitzer liegen bereits vor.

Eine Idee gebiert die nächste, nahtlos beginnt das folgende Projekt – Iren Dornier blickt nie nur in eine Richtung, zu vielseitig, zu aufregend ist die Welt. Uhren, Mode, Airline, Resorthotel und nun auch noch Flugzeuge, verbunden durch seine Lebensphilosophie »*No limits*!« ergeben die auf den ersten Blick scheinbar zusammenhanglosen Einzelteile ein stimmiges Ganzes.

Und wenn ihm ausnahmsweise einmal alles zuviel wird, setzt sich Iren Dornier ins Cockpit der »Latina« und fliegt los. »Beim Fliegen finde ich eine unglaubliche Ruhe.« Wenn er auf dem Wasser landet, die Motoren abschaltet und einfach zwei Stunden auf dem Flügel sitzend über den Wellen schaukelt, fühlt der sonst so rastlose Pionier tiefen inneren Frieden. Bis er wieder startet, das nächste Projekt aus dem Reich der Träume in die Wirklichkeit zu holen.

»Danke!«, möchte ich all denen sagen, die sich um das Buch verdient gemacht haben.

- An erster Stelle möchte ich natürlich meiner Familie, meinen Kindern, meinen Geschwistern und meinem Vater Silvius Dornier danken.
- Besonders unterstützt wurde ich von den folgenden wichtigen Freunden: Klaus Daser aus Deutschland, Ed aus Bangkok, Charles und Rosslyn Hinck, Joa aus Brasilien, Hubert Keller, Russel Large, Dave Parker und sein Team, Peter Pletschacher, Klaus Raith aus Dubai, Wolfgang Wagner und Bill Wright.
- Dankbar bin ich dafür, dass Elisabeth Sandmann dieser Dokumentation unserer *Mission:Dream* in ihrem anspruchsvollen Programm eine Chance gibt und dass Helmut Henkensiefken und Elke Krauß die Schönheit und Kraft der »Latina« in ihrer besonderen Gestaltung zum Ausdruck brachten.

Des weiteren geht mein Dank an:

- Claude Dornier, den Erbauer des Flugbootes Do-24
- folgende Sponsoren: Lufthansa AERO, Lichtschmiede, Feneco, Frey, Scalaria Air Challenge, Bodensee-Airport Friedrichshafen, Dornier Technologie sowie dem Dornier Museum
- die fleißigen Mitarbeiter von Dornier, die als Team Unglaubliches geleistet haben, und besonders an Sonja Fa
- an viele ehemalige Dornianer, die stets mit Rat und Tat zur Seite standen
- an das EADS Bildarchiv für ihre freundliche Hilfe bei der Beschaffung der historischen Bildvorlagen
- die spanische Regierung, die dieses Flugzeug der Firma Dornier zurückgegeben hat.
- Claudius Dornier junior, der sich ganz besonders mit Wasserflugzeugen beschäftigt hat
- das Bundesministerium für Forschung und Technologie, das die Fördermittel für das Projekt ATT bereitstellte
- Dieter Thomas für seine Erfahrungen als Testpilot
- jene Firma, die mir schließlich die Do-24 ATT verkaufte
- die Deutsche Flugwerft Schleißheim bei München, die sich von der »Latina« trennen musste, und ihren Mitarbeitern, die uns beim Auseinanderbauen behilflich waren
- Horst Manz und seine Crew
- die Versicherung, die den Mut hatte, die »Latina« zu versichern
- Pratt & Whitney, Kanada
- Hartzell, USA
- unser phantastisches philippinisches Team, mit allen Ingenieuren und Flugzeugmechanikern. Ohne sie alle wären wir nirgends hingekommen
- Ferdy Yco und sein Team, die alle von unserer Idee überzeugt waren.
- South East Asian Airlines für ihre finanzielle Unterstützung
- Nick Gitsis, meinen besten Freund, der immer an mich und ganz speziell an das Projekt glaubte
- die philippinische Luftfahrtbehörde und ganz speziell an Gen Jap, der den Erstflug der Do-24 zugelassen hat und das Projekt unterstützte, sowie an General Nilo Jatico und seinen Sohn John Jatico
- das Department of Tourism auf den Philippinen
- CAB
- die philippinische Regierung und ganz speziell am Frau Präsidentin Gloria Macapagal Arroyo, die das Projekt auf den Philippinen offiziell einweihte
- die UNICEF und an UNICEF Philippinen – es hat Spaß gemacht, Euch an Bord gehabt zu haben!
- Oshkosh für den Lindy Award
- alle, die das Vertrauen hatten, mit der »Latina« zu fliegen
- alle Bedenkenträger. Denn sie haben mich darin bestärkt, mein Ziel noch intensiver zu verfolgen
- die Zufälle, die dazu geführt haben, dieses Flugboot zu bauen.

Gewidmet ist das Buch allen Flugzeugenthusiasten, Fans, Bewunderern und allen leidenschaftlichen Aviatoren auf der Welt.

Die Fotografen

Michael Häfner, Stuttgart
Mariano Galeano, Buenos Aires
Achim Mende, Überlingen
André Kröcher, Berlin
Frank Steinkohl
Urpo Koivusaari, Kerava
Rene Hesse, Hamburg
Andreas Zeitler
Roland Frisch, Bornheim
Philipp Jordan, Starnberg
Roberto Yánez, Madrid
Kurt Jakobus, Herrsching
Joseph Manchado
Sigurdur Benediktsson
David Rose, New York

Unser Dank geht an alle Fotografen, deren Bilder zum Teil unter abenteuerlichen Bedingungen entstanden sind. Falls sich jemand vergessen fühlt, bitten wir um Entschuldigung und Nachsicht.

Die Crew

IREN DORNIER Commander
KLAUS DASER Co-Pilot, Coordinator
NICKOS GITSIS Co-Pilot
JOSEPH BUSTAMANTE Co-Pilot
CHRISTIAN KERR Co-Pilot
BILL WRIGHT Co-Pilot
PETE Co-Pilot
JAMES EAGLES Co-Pilot
ENRICO HOHNER Co-Pilot
PETE LEE Co-Pilot
DAVID ROSE Co-Pilot
JOHN SPRATT Co-Pilot
JOE PEREZ Co-Pilot
STEVE HARDIE Co-Pilot
HECTOR DESPOTT Co-Pilot
JESUS DELA TORRE Co-Pilot
CHRISTIAN DOERK Co-Pilot
OLIVER WRONN Co-Pilot
TOMAS FILSER Co-Pilot
DANIEL BOURRET Co-Pilot
RICHARD BRANSON Co-Pilot
ASTRONAUTS OF VIRGIN GALACTIC
HARRISON FORD Co-Pilot
PRINZ TAREK Co-Pilot
BROTHER KHALID Co-Pilot
MARIEL CALAWIGAN Co-Pilot
GEORGE KONTSODONTIS Co-Pilot
FERDINAND YCO Chief Mechanic
PAOLO SALALILA Flight Mechanic
LOVENIA BURCER Coordinator
SHEILLA CABIAO Coordinator
JENIFER LAPENA Coordinator
SUSAN WILCOX Flight Attendant
TRINA SANTOS Crew
CHARLES HINCK Crew
ROSLIND HINCK Crew
GABRIELLA DESPOTT Crew
MARIA DELA TORRE Crew
VAN PORCIUNCULA Website/Artist
EDRICK ABRIGO Website/Artist
ENGELBERT CANOPEN Website/Artist

und viele andere

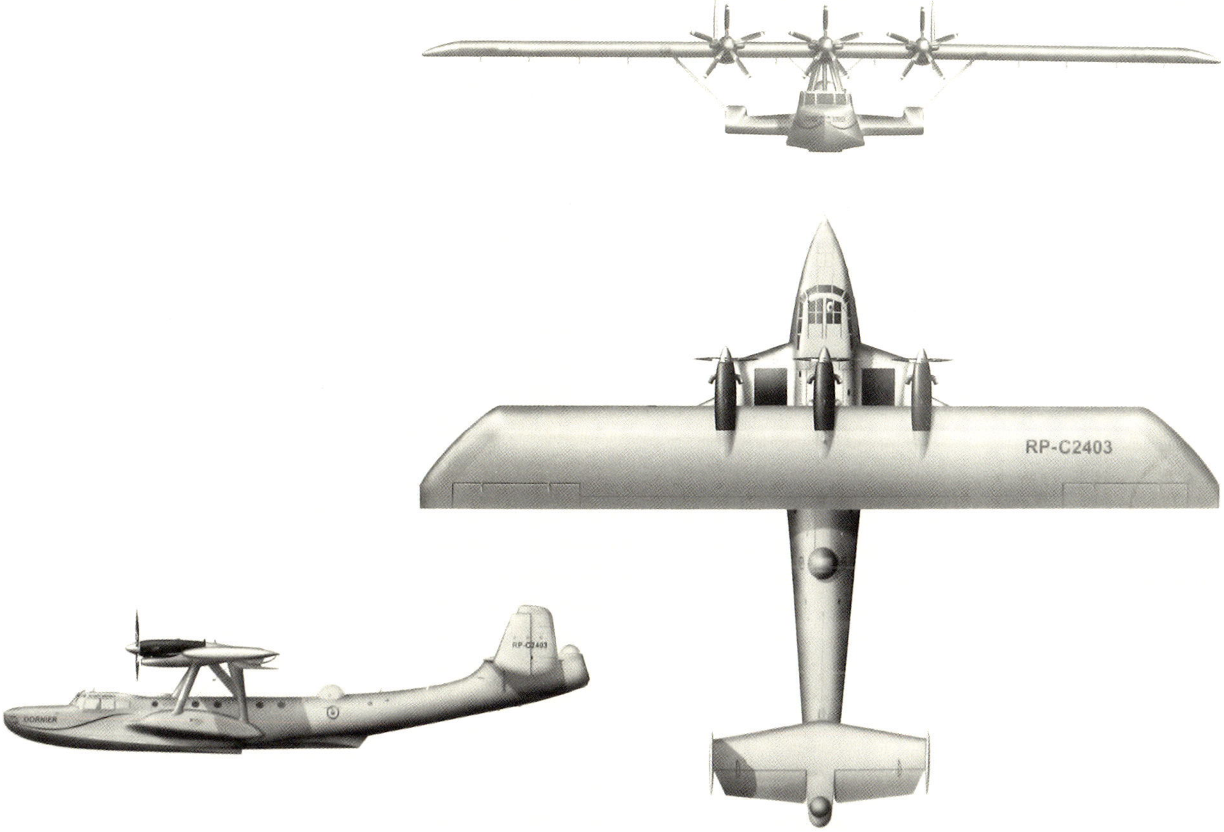

Seenotrettungs-Flugboot und Fernaufklärer

Baujahr	1944
Werknummer	5345
Einsatz	1944–1971 Seenotdienst, Küstenschutz in Spanien
1981/82	neue Tragfläche, Turbinen-Triebwerke, Fahrwerk
2003	Generalüberholung
Triebwerke	3 x Pratt & Whitney, Kanada PT6A-45 mit je 1125 PS

Länge	21,95 m
Spannweite	30,00 m
Höhe	5,65 m
Flügelfläche	100 qm
Leergewicht	10070 kg
Max. Startgewicht	12000 kg
Reisegeschwindigkeit	343km/h

Lebenslauf Susanne Fischer

In ihrem Reporterleben (*Spiegel*, *Süddeutsche*, *Die Zeit*, *Die Woche*) hat Susanne Fischer schon viele Flugreisen unternommen. Ob Cessna, Kanzlermaschine oder Chinook-Hubschrauber der US-Armee – für ihre Geschichten scheut die studierte Politologin vor keinem Fluggerät zurück. Als Iren Dornier sie bat, für ihn die Geschichte seiner Welttour aufzuschreiben, war sie unter einer Bedingung sofort dazu bereit: Erst muss sie mitfliegen in der Do-24 und das Flugboot auf dem Wasser und in der Luft erleben. Die idyllischen Landschaften, die sie bei den Landungen am Zürichsee und am Wolfgangsee erwarteten, waren eine erholsame Abwechslung für die Journalistin, die seit vier Jahren vor allem aus dem Irak berichtet. Als Middle East Programme Manager des britisch-amerikanischen Institute for War and Peace Reporting (IWPR) bildet Fischer im Irak Journalisten aus. Das »Logbuch der Träume« ist nach »Café Bagdad. Der ungeheure Alltag im neuen Irak« (2004) und »Meine Frauen-WG im Irak oder die Villa am Rande des Wahnsinns« (2006) ihr drittes Buch. Susanne Fischer lebt in Hamburg und im nordirakischen Suleimania.

www.do-24.com

1. Auflage 2007
ISBN 978-3-938045-27-5

Redaktion: Eva Römer, Katrin Pollems-Braunfels
Layout: Helmut Henkensiefken und Elke Krauß/ZERO Werbeagentur, München
Umschlaggestaltung: ZERO Werbeagentur, München
Umschlagfoto: Andreas Zeitler
Bildunterschriften: Iren Dornier
Herstellung: Karin Mayer, Peter Karg-Cordes
Lithografie: Christine Rühmer
Druck und Bindung: Mohn media Mohndruck GmbH, Gütersloh

Besuchen Sie uns im Internet unter www.esverlag.de

Many Thanks!
Best Always,
7.28.05

Thanks a million!

...is is the ONLY airplane I would trade for my Starship! thx IM
Robert Scherer
...C-51 - SSI Chase

As fun as Space!

Wow!
Thanks!

Richard Branson

Amazing
Jim Tighe

Thanks! It was amazing
Mike Alsbury

Schnitt B-B
Schnitt C-C
Schnitt D-D